Constanze Wolff • Roland Panter
Social Media für Gründer und Selbstständige

Constanze Wolff • Roland Panter

Social Media für Gründer und Selbstständige

Xing, Facebook, Twitter und Co. – Wie Sie das richtige Netzwerk finden und nutzen

Bibliografische Information der Deutschen Nationalbibliothek

Die Deutsche Nationalbibliothek verzeichnet diese Publikation in der Deutschen Nationalbibliografie; detaillierte bibliografische Daten sind im Internet über http://dnb.d-nb.de abrufbar.

ISBN 978-3-7093-0491-4

Es wird darauf verwiesen, dass alle Angaben in diesem Werk trotz sorgfältiger Bearbeitung ohne Gewähr erfolgen und eine Haftung der Autoren oder des Verlages ausgeschlossen ist. Redaktionsschluss für dieses Buch war im Dezember 2012.

Redaktion: Cornelia Rüping

Umschlag: buero8

© LINDE VERLAG Ges.m.b.H., Wien 2013
1210 Wien, Scheydgasse 24, Tel.: 01/24 630
www.lindeverlag.de
www.lindeverlag.at
Druck: Hans Jentzsch & Co GmbH
1210 Wien, Scheydgasse 31

INHALT

EINLEITUNG

„Die Frage ist nicht, ob wir Social Media nutzen, sondern wie gut wir sie nutzen." (Erik Qualman, Marketing-Experte)

Sehr wahrscheinlich haben Sie zu diesem Buch gegriffen, weil Sie die Frage nach dem Ob für sich mit Ja beantwortet haben und nun nach einer Antwort auf die Wie-Frage suchen. An dieser Stelle verraten wir Ihnen ein Geheimnis: Das geht uns ganz genauso. Uns als Freiberufler beschäftigen die gleichen Fragen wie Sie: Auf welches der vielen Netzwerke konzentriere ich meine Social-Media-Aktivitäten? Verpasse ich einen Trend, wenn ich mir dieses neue und ultrahippe Netzwerk nicht auch noch angucke? Sind die neuen Werbemöglichkeiten von Facebook das Richtige für mein kleines Unternehmen? Und wie bereite ich mein Know-how so auf, dass es irgendjemand für spannend und weiterverbreitbar hält?

Nach vielen Jahren privater und beruflicher Nutzung und Beratung im Social-Media-Bereich haben wir unsere Antworten gefunden – und eine entscheidende Lehre gezogen: Es gibt keine allein seligmachende Strategie für die Arbeit in und mit sozialen Netzwerken. Wo und wie Ihr Erfolg zu finden ist, hängt sowohl von Ihrer Persönlichkeit und Ihrem Kommunikationsverhalten als auch von Ihrer Branche und Ihrer Zielgruppe ab. Und nicht zuletzt kann eine heute erfolgreiche Strategie schon im nächsten Jahr nicht mehr aufgehen, weil die Welt der sozialen Netzwerke extrem schnelllebig ist. Deshalb gilt für uns genauso wie für Sie: Hören Sie nie auf, sich die oben genannten Fragen zu stellen!

Dieses Buch verspricht weder 1.000 neue Geschäftskontakte in zehn Tagen noch den Sieben-Punkte-Plan für den garantierten Erfolg in Social Media. Was es Ihnen aber liefert: eine Vielzahl von Fragen, anhand derer Sie sich über Ihre individuellen Ziele und die Social-Media-Maßnahmen, die dorthin führen, klar werden.

Darüber hinaus erhalten Sie einen vergleichenden Überblick über die gegenwärtig für den deutschsprachigen Raum bedeutsamsten sozialen Netzwerke – inklusive ausführlicher Anleitungen für ihre Nutzung. Dabei verstehen wir uns ausdrücklich nicht als Technik-Erklärer, sondern als Strategieberater, die Sie zunächst beim Erarbeiten Ihrer individuellen Ziele unterstützen und Ihnen dann zeigen, wie sich diese in den verschiedenen Netzwerken erreichen lassen. Wer sich nur mal so in sozialen Netzwerken tummelt oder plan- und ziellos durch die Seiten klickt, wird allerhöchstens Zufallstreffer landen und vergeudet eine Menge Zeit. Deshalb ist es wichtig, dass Sie sich vor dem Engagement bei Xing, Facebook und Co. darüber klar werden, was genau Sie dort eigentlich suchen. Die Antwort auf diese Frage weist dann auf eine individuelle Vorgehensweise hin, wie Sie die Plattform professionell und effektiv nutzen können. Die Kapitel 5 bis 9 zu den einzelnen Plattformen sind daher alle nach einem ähnlichen Prinzip aufgebaut. In fünf Unterkapiteln präsentieren wir Ihnen die auf der jeweiligen Plattform vorhandenen Möglichkeiten, die folgenden fünf Ziele zu erreichen.

1. Kundengewinnung: Sie erfahren, auf welchen Wegen und mit welchen Methoden Sie potenzielle Kunden finden und auf sich aufmerksam machen.
2. Eigenwerbung und Informationstransfer: Sie wollen als kompetent wahrgenommen werden und sich als Experte in Ihrer Branche positionieren? Die Ihnen dazu zur Verfügung stehenden Möglichkeiten finden Sie hier.
3. Recherche: Soziale Netzwerke quellen über vor Zahlen, Daten und Fakten. Wie Sie die für Sie relevanten Informationen finden, erfahren Sie in diesem Unterkapitel.
4. Anbahnung neuer Kontakte: Wer suchet, der findet. Wie Sie bei der Suche nach den richtigen Menschen möglichst wenig Zeit verlieren, lernen Sie hier.
5. Bezahlte Reichweite: Über die optimale Nutzung der zur Verfügung stehenden Werkzeuge hinaus bietet jedes soziale Netzwerk die Möglichkeit, sich gegen Bezahlung auf der Plattform zu präsentieren. Welche Möglichkeiten das in welchem Netzwerk sind, erfahren Sie jeweils in diesem Unterkapitel.

Ohne ein wenig Arbeit werden Sie dabei nicht davonkommen. Dafür werden Sie am Ende der Lektüre wissen, mit welchen Inhalten Sie in welchen sozialen Netzwerken vertreten sein möchten und wie Sie jeweils zu einer relevanten Reichweite gelangen. Wozu dies führen kann? Eine mögliche Antwort auf diese Frage halten Sie gerade in den Händen: Ohne soziale Netzwerke hätten wir Autoren uns weder kennengelernt noch die Verlagsanfrage zu diesem Buch erhalten. Wir wünschen Ihnen beim Lesen den gleichen Spaß, den wir beim Schreiben hatten – und ganz viel Erfolg bei und mit Ihrer persönlichen Social-Media-Strategie!

Constanze Wolff und Roland Panter
Im Dezember 2012

Kapitel 1

Was wir unter Social Media verstehen

Der Begriff „**Social Media**" ist in aller Munde – und doch herrscht noch immer keine Einigkeit darüber, worum es sich hierbei überhaupt handelt. Was für die einen eine undurchschaubare **Informationsflut** und für die anderen eine kommunikative **Wunderwaffe** darstellt, ist für uns vor allem eines: ein zusätzlicher Kommunikationskanal, der auf **Dialog** abzielt. Und so wie das Kino nicht das Buch und der Fernseher nicht das Kino verdrängt hat, wird auch Social Media die **klassischen Kommunikationswerkzeuge** nicht verdrängen, sondern sich seinen Platz daneben erobern.

Was ist Social Media? Und was nicht?

Wörtlich übersetzt, bedeutet Social Media „Soziale Medien" – und damit werden die beiden wesentlichen Merkmale dieser Kommunikationsform bereits perfekt abgebildet. Doch wie können Medien sozial sein?

Anders als in der Alltagsvorstellung des Begriffs „sozial" ist damit nicht „etwas Gutes tun" gemeint – was natürlich nicht ausschließt, dass dies gleichzeitig passieren kann. Vielmehr steht dieses Wort für ein System, in dem Menschen über verschiedene Wege miteinander in Kontakt treten und sich austauschen, also interagieren können. Der Begriff „Media" steht für die Vielzahl neuer Medien, die das soziale Miteinander technisch unterstützen. Bei Wikipedia liest sich das so: „Social Media (auch Soziale Medien) bezeichnen digitale Medien und Technologien, die es Nutzern ermöglichen, sich untereinander auszutauschen und mediale Inhalte einzeln oder in Gemeinschaft zu gestalten."

Wenn Sie so wollen, reden wir über alten Wein in neuen Schläuchen: Menschen haben schon immer den Wunsch gehabt, mit anderen Menschen zu kommunizieren – lange vor dem Internet-Zeitalter. Nur gibt es heutzutage zunehmend technische und mediale Lösungen, die diese dialogisch ausgerichtete Form der Kommunikation auch jenseits der persönlichen Begegnung oder eines Telefonats möglich machen: Eine Person sagt etwas und eine andere Person kann direkt darauf reagieren, so entsteht Interaktion.

Tatsächlich war ein solcher Dialog zunächst nur an wenigen Stellen im Internet möglich – beispielsweise in Foren oder Fachgruppen. Direkt auf einer Webseite mit einem Unternehmen in Interaktion treten? Das ging erst einmal noch nicht, dazu brauchte es einen Medienwechsel. Der Interessent musste entweder anrufen, einen Brief oder eine E-Mail senden oder sogar persönlich vorbeigehen. Eine eher suboptimale Situation, die eine persönliche Kommunikation erschwerte.

Social Media, wie wir sie heute kennen, stehen hingegen für mehrdimensionale Kommunikation. Im Internet. Grundsätzliche Funktionen der Kommunikation werden ins weltweite Netz übertragen. Wir können uns direkt mit anderen online über ein Thema austauschen – auch wenn dieser Austausch schriftlich erfolgt. Ein Nebeneffekt ist die Transparenz, die dabei entsteht, denn mehrere Menschen können unabhängig von Ort und Zeit der „Unterhaltung" folgen.

Und was sind Social Media nicht? Zunächst einmal sind sie nichts grundsätzlich Neues, kommuniziert wurde ja schon immer. Der Begriff beschreibt auch keine eierlegende Wollmilchsau, die aus schlecht laufenden Geschäften quasi auf Knopfdruck gut gehende macht. Und: Man bekommt hier nichts umsonst. Die Teilhabe an Social Media kostet vielleicht nicht konkret Geld, aber sie kostet im Minimum einen mehr oder wenig großen Aufwand. Und last but not least ist die Nutzung von Social Media kein Selbstzweck. Wer einfach nur da ist, weil alle dort sind, vergeudet vor allem Zeit. Wie bei jeder professionell betriebenen Kommunikation gilt: ohne Klarheit über Ziele, Zielgruppen und Botschaften kein Erfolg.

Die zehn wichtigsten Dos and Don'ts

Direkt neben dem Erfolg lauern die Fettnäpfchen. Jeder, der einen PC mit Internetanschluss besitzt, kann Social Media nutzen – aber nicht jeder tut das auf eine angemessene und für die Empfänger angenehme Art und Weise. Mit den folgenden Tipps vermeiden Sie die schlimmsten Fehler und erarbeiten sich nach und nach ein positives Image im Netz.

1. Seien und bleiben Sie Sie selbst

Wer mit seinem Nachbarn spricht oder mit Kunden ausgeht, kann seine Persönlichkeit nur schwer dauerhaft verstecken. Moderne Medien machen es deutlich leichter, sich hinter automatisierten Lösungen und Pseudonymen zu verstecken oder die Realität ein wenig aufzuhübschen. Das aber ist der Tod jeder wahrhaftigen Kommunikation – und fliegt schneller auf, als Sie „Authentizität" sagen können. Und genau die ist goldene Regel jeder professionellen Online-Kommunikation.

2. Vergessen Sie nicht Ihre gute Kinderstube

Nur allzu leicht vergreift man sich im Ton, wenn das Gegenüber nicht sichtbar ist – das kennen wir alle von der Lästerei über abwesende Dritte. Kommunizieren Sie also im Netz genauso, wie Sie es auch im direkten Kontakt tun würden. Das beinhaltet beispielsweise die Selbstvorstellung in einem neuen Umfeld sowie die Einhaltung von Rechtschreib- und grundlegenden Höflichkeitsregeln. Fragen Sie sich bei allem, was Sie veröffentlichen: Könnte ich das meinem Gegenüber auch ins Gesicht sagen? Und dürfte auch mein Kunde, Geschäftspartner oder Ex-Chef das lesen? Im Zweifelsfall denken Sie besser noch einen Moment über Ihren Beitrag nach, bevor Sie auf „Senden" klicken.

3. Treten Sie in einen Dialog

Wer lediglich ein Publikum sucht, nicht zuhören kann oder will, keine Kritik verträgt oder nur einmal pro Woche online ist, sollte sich von Social Media fernhalten. Denn das wichtigste Kriterium für den Einstieg in diese Welt ist die Bereitschaft zum Dialog. Konkret bedeutet das: Stellen Sie Fragen und liefern Sie Diskussionsstoff – und reagieren Sie zeitnah auf Rückmeldungen, die dazu bei Ihnen eingehen. Machen Sie sich darauf gefasst, dass Sie nicht nur Lobeshymnen zu hören bekommen, und nehmen Sie auch negatives Feedback ernst: Niemand ist loyaler als ein Kunde, der sich mit seiner Beschwerde ernst genommen fühlt und dessen Problem kulant gelöst wird. Facebook-Pinnwände, an die kein Fan schreiben kann, oder gar Zensur sind ein absolutes Unding. Bedenken Sie: Von wem können Sie mehr über den Markt und die Bedürfnisse Ihrer Zielgruppe lernen als von denjenigen, die dazugehören?

4. Der Holzhammer ist kein gutes Werkzeug

Eigenwerbung ist erlaubt, aber bitte in Maßen. Deutlich besser als plumpe Werbung oder Ihre letzte Pressemitteilung kommen witzige Anekdoten aus

Ihrem Unternehmensalltag an. Oft hilft hier der gesunde Menschenverstand: Was würden Sie selbst gerne lesen wollen? Welche Meldung würde Sie zum Gähnen bringen? Ab wann und worauf reagieren Sie schlichtweg genervt?

5. Zwischen Hyperaktivität und Scheintod

Haben Sie auch schon Webseiten wie die gesehen, auf der der letzte Newseintrag von der Messe vor vier Jahren stammte? Ganz ähnlich wirkt es im Social Web, wenn sichtbar Aktivität fehlt: Nichts ist schlimmer als ein verwaistes Profil. Beim Besucher entsteht der Eindruck, dass Ihnen schlicht die Lust oder die Zeit fehlt, um sich mit Ihren Kunden auseinanderzusetzen. Ist das auch so, halten Sie sich besser von Social Media fern. Ähnliches gilt für die eigene Reaktionsbereitschaft: Genauso wenig, wie Sie stundenlang in der Warteschleife einer Telefon-Hotline hängen wollen, möchte Ihr Kunde tagelang auf eine Rückmeldung zu seiner Anfrage über Social Media warten.

Doch auch wer sich durch sozial-mediale Hyperaktivität auszeichnet, fällt eher negativ auf. Wenn Sie Ihre Leser mit Meldungen zuschütten, werden diese sich entweder von Ihnen abwenden oder Sie im schlimmsten Fall als Spammer melden. Labertaschen sind im Internet genauso unbeliebt wie im echten Leben – äußern Sie sich also nur, wenn Sie wirklich etwas zu sagen haben.

6. Seien Sie edel, hilfreich und gut

„Erst geben, dann nehmen", das ist eine der wichtigsten Regeln beim Netzwerken – sie gilt für die Online-Welt genauso wie für das reale Leben. Je freigiebiger Sie Ihre Leserschaft mit hilfreichen, inspirierenden und unterhaltsamen Informationen versorgen, desto eher wird Ihnen im Umkehrschluss geholfen.

Und woher kommen die passenden Inhalte? Gehen Sie mit offenen Augen durchs Leben und behalten Sie Ihre Leserschaft dabei immer im Hinterkopf. Ab sofort sollte Sie bei allem, was Sie sehen oder hören, die Frage begleiten: Für wen könnte das interessant oder hilfreich sein?

7. Bekennen Sie sich zu Ihrer Natur

Der Mensch ist ein Augentier: Wenn wir ein Geräusch hören, wenden wir nicht die Ohren, sondern die Augen in die entsprechende Richtung. Wenn sich irgendwo im Raum etwas bewegt – und sei es nur das Fernsehbild –, können wir den Blick kaum abwenden. Diese Tatsache lässt sich perfekt für Social Media nutzen: Verlassen Sie sich nicht allein auf die Macht der Worte, sondern setzen Sie auf Bilder und Videos! Selbstverständlich behalten Sie dabei das Urheberrecht und Persönlichkeitsrechte abgebildeter Privatpersonen im Blick.

8. Verabschieden Sie sich von der Illusion totaler Kontrolle

Wenn Sie einen echten Dialog führen wollen und Ihrem Gegenüber unvoreingenommen gegenübertreten, haben Sie nur wenig Kontrolle über dessen Reaktionen und Äußerungen. Begreifen Sie Ihre Social-Media-Aktivitäten am besten als Experiment und lassen Sie sich darauf ein – Ihre persönliche Neugier ist der Wegweiser. Ausprobieren und Herumspielen sind erlaubt. Die Schnelllebigkeit von Social Media und den technischen Möglichkeiten macht es sogar nötig, sich ständig auf Unbekanntes einzulassen und sich von dem Anspruch auf Perfektion zu verabschieden. Wer Angst vor Fehlern hat, wird meist extrem unbeweglich.

9. Wer kein Ziel hat, wird genau das erreichen

Social Media ohne klare Zielsetzung ist Zeitverschwendung. Werden Sie sich darüber klar, was genau Sie auf diesem Weg erreichen wollen, und passen Sie Ihr Vorgehen daran an. Nur so finden Sie heraus, was wirkt – und was nicht.

10. Zeit ist Geld

Immer wieder sitzen begeisterte Social-Media-Neulinge der fixen Idee auf, dass sich hier die perfekte Alternative zur klassischen Kommunikation bietet – und das so viel billiger! Doch selbst wenn Sie deutlich weniger Geld für Anzeigenschaltungen oder Direct Mailings ausgeben, kostet Social Media Sie einiges, vor allem Zeit. Zu einer guten Strategie gehört daher auch, die eigenen zeitlichen Ressourcen realistisch einzuschätzen: Bauen Sie Ihr Netzwerk nur so weit aus, dass Sie es – neben Ihrem Alltagsgeschäft – im Blick behalten und pflegen können.

Kapitel 2

Zehn Schritte, um von Social Media zu profitieren

Die wenigsten Unternehmen verfügen über ein so hohes **Social-Media-Budget** wie Coca-Cola oder McDonald's – und so finden sich in der einschlägigen Literatur und im Netz auch überwiegend **Erfolgsgeschichten** solcher Unternehmen. Schnell entsteht daher der Eindruck, Social Media sei nur etwas für „die Großen", mit denen **Existenzgründer** oder Kleinunternehmer sowieso nicht mithalten können. Dass das ein Irrtum ist, beweisen die **Interviews** in diesem Buch. Wer in Social Media punkten will, benötigt vor allem eines: einen **Plan**, eine gute **Idee** und **Zeit**. Mit diesen Ressourcen ausgestattet, ist es gar nicht mehr so schwer, von Social Media zu profitieren.

Der typische Einstieg

Analog zum echten Leben werden Sie auch hier nicht Hals über Kopf in einen vollkommen unbekannten Raum hineinstürzen und gleich vor aller Augen einen Stepptanz hinlegen. Wer schrittweise vorgeht und sich erst einmal umsieht, lernt die Gepflogenheiten vor Ort kennen und vermeidet Fettnäpfchen. Der typische Einstieg in die Social-Media-Szene vollzieht sich in zehn Schritten, schon bei jedem einzelnen können Sie erheblich profitieren.

Schritt 1: dabei sein

Wer über den Geschmack eines Weins oder die Qualität des letzten „Tatorts" diskutieren möchte, muss den Wein probieren oder den „Tatort" anschauen. Sie wollen wissen, ob Social Media etwas für Sie ist? Dann verlassen Sie sich nicht auf die Erfahrungsberichte Ihrer Freunde oder abschreckende Zeitungsartikel über Facebook-Desaster, sondern sammeln Sie Ihre eigenen Erfahrungen. Für den Anfang genügt es, dabei zu sein und sich umzuschauen: Ausnahmslos jede Social-Media-Plattform bietet kostenlose Mitgliedschaften, mit denen Sie Ihre ersten Gehversuche unternehmen können. Wenn Sie sich an eine Plattform (oder mehrere) gewöhnt haben und diese vollumfänglich nutzen möchten, ist es immer noch früh genug, um zur kostenpflichtigen Premium-Mitgliedschaft zu wechseln. Bis dahin können Sie mittels der Einstellungen zur Privatsphäre auf den verschiedenen Plattformen sicherstellen, dass Ihr Profil (zu diesem Zeitpunkt noch überwiegend im passiven Modus) weitgehend unsichtbar bleibt.

Schritt 2: den Markt im Blick behalten

Auch ohne selbst aktiv zu werden, können Sie erheblichen Nutzen aus der stillen Mitgliedschaft in diversen Netzwerken ziehen. Sie wollen sich einen umfassenden Marktüberblick verschaffen und herausfinden, was Ihre Konkurrenz tut? Dann schauen Sie sich auf deren Blogs, Facebook-Seiten oder Xing-Profilen um.

Keine gute Idee ist es hingegen, die Social-Media-Strategie eines Wettbewerbers nachzuahmen: Kaum eine Kopie kommt an das Original heran. Wenn Sie Aufsehen erregen wollen, müssen Sie einzigartig sein – das gilt in sozialen Netzwerken genauso wie in Ihrer sonstigen Außendarstellung. Wer seine Alleinstellungsmerkmale nicht kennt, wird auch keinen potenziellen Kunden davon überzeugen, mit ihm zusammenzuarbeiten.

Schritt 3: Wissen erwerben

Social Media können Ihnen, lange bevor Sie das erste Wort veröffentlicht haben, erheblich weiterhelfen. Nicht nur Ihre Wettbewerber sind eine gute Informationsquelle, auch Online-Weiterbildungsanbieter, branchenspezifische Blogs, Wikis, Meinungsplattformen und Bewertungsportale halten Sie kontinuierlich auf dem Laufenden. Besonders häufig über soziale Netzwerke verbreitet werden im Übrigen die Ergebnisse von Studien: Im Idealfall werden diese mithilfe von Infografiken visualisiert, die als Blickfänger fungieren und im großen Stil geteilt oder retweetet werden. Googeln Sie einmal nach den für Sie relevanten Fachbegriffen: Sie werden überrascht sein, welche Informationsfülle sich mit nur wenigen Klicks erschließen lässt.

Schritt 4: den Austausch suchen

Jetzt sind Sie schon mittendrin und nur noch einen Schritt von der aktiven Teilhabe an Social Media entfernt. Irgendwann wird es Sie packen: Ein Blogbeitrag, eine Twitter-Meldung oder ein Google+-Beitrag wird Ihren Widerspruch wecken – und mit einem Klick auf „Antworten" oder „Kommentieren" leisten Sie Ihren ersten Beitrag zum Wissensaustausch in Social Media. Damit sind Sie Teil der Netzwelt, der Online-Gemeinde, der Community. Sie werden wahrgenommen, man reagiert auf Sie. Je interessanter und schlüssiger Sie ab jetzt kommunizieren, desto ernster werden Sie genommen – und wecken das Interesse potenzieller Kooperationspartner, Multiplikatoren oder Kunden.

Schritt 5: gezielt Kontakte aufbauen

Wer auf der Suche nach spannenden Kontakten ist, muss aber keinesfalls darauf warten, dass die betreffenden Personen auf ihn aufmerksam werden und einen Dialog beginnen. Viele der Social-Media-Plattformen bieten ausgefeilte Suchmöglichkeiten, damit die Nutzer gezielt nach bestimmten Personen suchen können. Sie wollten schon immer für das Unternehmen XY arbeiten? Sie suchen einen Interviewpartner zum Thema Z? Sie möchten Ihr Angebot erweitern und sind auf der Suche nach einem Experten für die Dienstleistung K? Sie wollen ganz gezielt Kontakte zu Entscheidern in der Branche N aufbauen? All das ist mit Social Media möglich.

Schritt 6: Kontakte vertiefen und Vertrauen aufbauen

Wer Hunderte oder Tausende von Kontakten knüpft und sich danach nie wieder um sie kümmert, wird in der Social-Media-Welt gerne in die Kategorie „Kontaktsammler" gesteckt. Zur Verdeutlichung dient wieder ein Beispiel aus dem analogen Leben: Was nützt Ihnen die umfangreichste Visitenkartensammlung, wenn sie lediglich in Ihrem Regal steht? Wirklich spannend wird eine Visitenkarte erst, wenn Sie eine Beziehung zu deren Besitzer aufbauen.

Wie das geht? Gratulieren Sie zum Geburtstag, versorgen Sie den anderen mit spannenden Informationen, treten Sie in einen Dialog und prüfen Sie gemeinsam die Möglichkeiten einer Kooperation. Besonders wichtig dabei: Nicht nur potenzielle Kunden verdienen Ihre Aufmerksamkeit. Auch die Kontakte mit Multiplikatoren und Meinungsbildnern zahlen sich langfristig aus.

Schritt 7: sich einen Ruf erarbeiten

Die primäre Regel des Networking lautet: je mehr, desto mehr. Je mehr Sie in Erscheinung treten, desto bekannter werden Sie – die Frage ist jedoch wofür. Wer dauerhaft mit irrelevanten Informationen nervt oder langweilt, trägt auf jeden Fall zu seiner Online-Reputation bei, allerdings auf eine eher geschäftsschädigende Art und Weise. Überlegen Sie sich also vor jeder Veröffentlichung: Wen will ich damit erreichen? Ist diese Information von Interesse für meine jeweilige Zielgruppe? Passt der Inhalt zu meinem Kerngeschäft und trägt er dazu bei, meinen Expertenstatus aufzubauen oder zu festigen?

Schritt 8: publizieren und in Dialog treten

Wenn Sie sich die Social-Media-Kanäle angeschaut und Ihre Favoriten identifiziert haben, beginnt Ihre Karriere als Publizist. Denn das ist einer der größten Vorteile von Social Media: Information und Meinungsbildung sind nicht mehr Sache von Verlagshäusern oder Fernsehanstalten, mit minimaler technischer Ausstattung kann nun jeder „auf Sendung" gehen. Weil das auch tatsächlich sehr viele Menschen tun, wird es umso wichtiger, sich qualitativ von der Masse abzuheben.

Überlegen Sie sich gut, welche Themen Sie besetzen wollen, und achten Sie auf eine gewisse Kontinuität in der Kommunikation: Wer zu Beginn mehrmals täglich und bald nur noch einmal im Monat in Erscheinung tritt, gerät schnell in Vergessenheit. Die, die bleiben, bekommen es ziemlich schnell mit einem anderen wichtigen Aspekt von Social Media zu tun: seiner dialogischen Ausrichtung. Oftmals reagieren Leser in Minutenschnelle auf einen Blogeintrag oder ein Facebook-Posting – hier sind Offenheit und Tempo bei der Reaktion gefordert. Im Idealfall nehmen Sie den Dialog nicht nur in Kauf, sondern forcieren ihn geradezu: mit Fragen und Diskussionsaufforderungen an Ihre Leserschaft. So bleiben Sie in Kontakt mit Ihrer Zielgruppe und am Puls der Zeit, sodass Sie Kundenfeedbacks in Ihr Angebot integrieren und Trends frühzeitig erkennen können.

Schritt 9: Angebote vernetzen

Anders als klassische Kommunikationsmedien ist das Internet nicht linear aufgebaut, sondern wie ein Spinnennetz: Informationen werden nicht in einer bestimmten Reihenfolge hintereinander weg konsumiert, stattdessen springt der Leser wild hin und her, getrieben einzig und allein von seiner Neugier. Wer diesen Aspekt für sich nutzen will, sorgt für möglichst viele Anlaufstellen und Knotenpunkte, über die der Leser auf die gewünschten Social-Media-Profile gelangt.

Am einfachsten ist das, indem Sie Ihre verschiedenen Profile miteinander verlinken; auf jeden Blogbeitrag sollten Sie beispielsweise auch bei Facebook, Twitter und Google+ hinweisen. Einen Schritt weiter gehen Sie mit einer brancheninternen Vernetzung: Dazu tragen Sie sich beispielsweise in Online-Branchenverzeichnisse ein oder verweisen auf spannende Beiträge von Kollegen. So zeigen Sie Offenheit, stehen für Aktualität und machen die Kollegen im Umkehrschluss auf sich aufmerksam. Im Idealfall greifen diese dann wiederum Ihre Inhalte auf und machen so ihren Verteiler zu einer neuen Zielgruppe für Sie.

Schritt 10: verifizierbar werden

Viele Unternehmen, die sich bis jetzt von Social Media ferngehalten haben, müssen mit Erschrecken feststellen, dass sie längst Teil dieser Welt sind. Googeln Sie einmal nach Ihrem Firmen- oder Personennamen: Möglicherweise erscheinen dann zahlreiche Kommentare und Kritiken zu Ihrer Arbeit in diversen Communitys und Bewertungsportalen.

Mit Ihrer eigenen Social-Media-Arbeit leisten Sie einen entscheidenden Beitrag zur Berichterstattung über sich selbst. Damit geben Sie potenziellen Kunden und Kooperationspartnern eine Entscheidungshilfe an die Hand. Wer heutzutage nicht im Internet existiert, macht sich bei einem Großteil der Bevölkerung verdächtig – ohne einen Blick auf die Webseite oder die Kritiken von Bestandskunden trifft diese Nutzergruppe keine Kaufentscheidung mehr. Positive Berichte von anderen über Ihr Unternehmen tragen entscheidend zu Ihrer Glaub- und Vertrauenswürdigkeit bei – zumal, wenn sie von sogenannten Freunden kommen.

Kapitel 3

Entwickeln Sie eine Strategie für die Nutzung von Social Media

Vielleicht erscheint es Ihnen verlockend, direkt loszulegen, soziale **Netzwerke** kennenzulernen und erste **Erfahrungen** zu sammeln. Doch ein solch ungerichtetes Vorgehen ist wenig sinnvoll. Sie verlieren auf jeden Fall Zeit – und im schlimmsten Fall Ihren Ruf. Lesen Sie hier, warum Sie eine **Strategie** brauchen, um Social Media erfolgreich zu nutzen. Und wie Sie die richtige für Ihr Vorhaben finden.

Ihr Plan: Was wollen Sie erreichen?

Anders als die tägliche Nutzung von Social Media ist die Entwicklung einer Strategie ein einmaliges Unterfangen. Gerade deshalb bedarf dies Ihrer besonderen Aufmerksamkeit – je sorgfältiger Sie vorgehen, desto weniger Korrekturen sind im Nachhinein nötig. Selbstverständlich ist eine Social-Media-Strategie trotzdem nicht in Stein gemeißelt: Veränderungen am Markt oder innerhalb Ihres Unternehmens dürfen keinesfalls ignoriert werden und können eine Anpassung erfordern.

Lassen Sie sich nicht von dem Begriff „Strategie" abschrecken. Er wird gerne benutzt, um kleine Dinge etwas größer wirken zu lassen. Die Entwicklung einer Strategie bedeutet nichts anderes als das Formulieren eines Plans, der möglichst präzise zu einem definierten Ziel führen soll. Um dieses Ziel auf direktem Weg zu erreichen, ist es hilfreich, vorab möglichst viele Eventualitäten zu bedenken. Welche das sind, erfahren Sie jetzt.

Das Ziel

Im Koran steht: „Wenn man das Ziel nicht kennt, ist kein Weg der richtige." Das ist ganz ähnlich wie beim Navigationsgerät im Auto: Es versagt, wenn Sie kein Ziel eingeben. Überlegen Sie sich also, was genau Sie mit Ihren Social-Media-Aktivitäten erreichen wollen. Meistens geht es um spezielle Meilensteine oder ganz konkrete Erfolge, zum Beispiel darum, die Umsatzzahlen zu erhöhen, Kooperationspartner zu gewinnen oder ganz bestimmte Informationen zu recherchieren. Wichtig für Ihre Social-Media-Strategie ist, dass es sich um Ziele handelt, die überhaupt auf kommunikativem Weg erreichbar sind – andernfalls sind soziale Netzwerke nicht das richtige Werkzeug.

Egal, ob Sie gerade gründen oder Ihr Unternehmensstart schon längere Zeit zurückliegt: Soziale Netzwerke helfen Ihnen in jeder einzelnen Phase der Selbstständigkeit. Abhängig davon, wo Sie aktuell stehen, verfolgen Sie entsprechende unternehmerische Ziele – von der Recherche für Ihren Businessplan über Eigenwerbung und Kundengewinnung bis hin zur Gewinnung von Kooperationspartnern sowie festen oder freien Mitarbeitern. Wenn Ihr Geschäft schon so gut läuft, dass Sie im größeren Stil Werbung machen wollen, können Sie dies ebenfalls über soziale Netzwerke tun – indem Sie „Reichweite" kaufen (dazu später mehr).

Jedes dieser Ziele erfordert ein anderes kommunikatives Vorgehen. Deshalb sind die Kapitel dieses Buches, in denen es um die einzelnen Netzwerke geht, zielorientiert aufgebaut: Sie entscheiden, was Sie erreichen wollen, wir zeigen Ihnen, wie das in dem jeweiligen Netzwerk geht.

Die Zielgruppe

Wenn Sie Ihre kommunikativen Ziele definiert haben, folgt die Frage nach Ihrer Zielgruppe. Wen wollen Sie mit Ihrem Angebot erreichen? Wie sieht Ihr typischer Kunde aus? Wissen Sie vielleicht sogar schon, wo sich Ihre Zielgruppe im Internet aufhält und wofür sich dieser Personenkreis außerdem interessiert? Sicher haben Sie sich mit Ihren zukünftigen Kunden schon intensiv beschäftigt, sodass Sie die meisten dieser Fragen direkt beantworten können.

Ein kleiner Tipp für das Alltagsgeschäft: Entwerfen Sie ein möglichst genaues Bild eines typischen Kunden und hängen Sie sich dessen Steckbrief an die Wand. Neben einem Foto enthält dieser Steckbrief Angaben zu Alter und Familienstand, Beruf, Einkommensverhältnissen, Hobbys, bevorzugten Internetaktivitäten usw. Behalten Sie diesen Steckbrief bei Ihren Social-Media-Aktivitäten immer im Blick und richten Sie den Fokus somit auf das Wesentliche.

Der Weg

Ziele und Zielgruppen sind definiert, jetzt geht es um die Frage, wie Sie diese erreichen. Das eingangs erwähnte Navigationsgerät gibt Ihnen nach der Eingabe des Ziels den optimalen Weg vor – im Fall Ihrer Social-Media-Aktivitäten nimmt Ihnen das keiner ab. Mit den folgenden Fragen können Sie jedoch Ihren ganz individuellen Weg finden:

Welchen Vorteil bieten Sie?

Dialog lebt davon, dass man Dinge erzählt – in der Fachsprache ist hier die Rede von den Botschaften, die Sie an Ihre Zielgruppe kommunizieren möchten. Finden Sie also Antworten auf die Frage nach dem Kundennutzen Ihres Angebotes: Was macht Ihr Produkt oder Ihre Leistung einzigartig? Was kann man überhaupt darüber erzählen? Werden Sie sich klar darüber, wie Ihre Botschaften lauten und wie sie sich auf Ihre wirtschaftlichen Ziele auswirken. Wie oft müssen Sie bestimmte Dinge wiederholen, um den gewünschten Effekt zu erzielen? Wie viel Zeit benötigen Sie dafür? Und was kostet Sie die Platzierung dieser Botschaften? All diese Fragen sollte Ihre strategische Planung am Ende beantworten.

Hält Ihr Angebot einer Überprüfung stand?

Wer sich in der Öffentlichkeit bewegt, muss damit rechnen, dass früher oder später eine mehr oder weniger intensive öffentliche Diskussion über seine Produkte oder Dienstleistungen stattfindet. Im schlimmsten Fall entwickelt sich daraus ein sogenannter Shitstorm, die massenweise schlechte Nachrede im öffentlich einsehbaren Internet. Das Gemeine daran: Ein Shitstorm kann sich sogar entwickeln, ohne dass Sie selbst im Internet präsent sind – Abwesenheit war schließlich noch nie ein Garant dafür, dass man nicht zum Thema wird. Sie sollten also bei allen strategischen Überlegungen auch bedenken, an welchen Stellen Ihr Angebot angreifbar ist und was Sie solchen Angriffen eventuell entgegensetzen könnten. Ist Ihr Angebot frei von Makeln? Oder gibt es da die berühmte Leiche im Keller? Die Zeiten, in denen man Leute nachhaltig und auf lange Sicht über den Tisch ziehen konnte, sind einfach vorbei – Transparenz entsteht in solchen Fällen schneller, als es dem oder der Betreffenden lieb ist.

Sind Sie nachhaltig vertrauenswürdig?

Diese Frage hängt eng mit der letzten zusammen. Eine erwünschte Wirkung, die bei Social-Media-Strategien ganz oft mitschwingt, ist das Thema Vertrauensaufbau. Wer viel und offen im Netz kommuniziert, stellt sich unmittelbar einer öffentlichen Diskussion und wird damit für seine Kunden besser überprüfbar. Denn letztlich versucht doch fast jeder stets zu überprüfen, ob er sein Geld gut anlegt – dabei ist es egal, ob er ein Haus oder ein paar Turnschuhe kauft. Wesentliches Merkmal erfolgreicher Marken ist daher ihre Vertrauenswürdigkeit: Es geht um die Qualität, den Preis, die Bekanntheit der Marke, das Image, die Lieferfähigkeit und andere Werte. Kommunikation in und über verschiedene Medien leistet einen entscheidenden Beitrag, um dieses Gefühl herzustellen: Wenn wir etwas kennen, dann vertrauen wir dem eher, als wenn wir es nicht kennen. Deshalb ist es wichtig, dass Sie Ihre Botschaften konsequent und nachhaltig immer wieder über die verschiedenen Social-Media-Kanäle vermitteln.

Selbstverständlich kommunizieren nicht nur Sie über Ihr Angebot – und hierin liegt eine der großen Chancen von Social Media: Unser Vertrauen in ein Angebot wird häufig noch größer, wenn uns andere berichten, dass sie positive Erfahrungen mit einem ganz speziellen Produkt gemacht haben. Im Umkehrschluss hat ein Angebot, von dem ein anderer abrät, es unglaublich schwer, überhaupt eine Chance zu bekommen.

• •

Gut zu wissen

UND DAS KLASSISCHE MARKETING?

Dieses Buch dreht sich um Social Media – trotzdem können wir als überzeugte Kommunikatoren die klassischen Kommunikationskanäle nicht außen vor lassen. Social Media hat an diversen Stellen dazu geführt, dass ganz klassische Marketingrezepte nicht mehr so gut funktionieren oder zumindest nicht mehr die erste Wahl sind. Das kann an teuren Streuverlusten liegen oder auch daran, dass manche Medien einfach nicht mehr genutzt werden. Anzeigen in den „Gelben Seiten" gehörten früher beispielsweise zum guten Ton, heute gilt das nur noch in sehr wenigen Branchen. Die Ursachen dafür sind vielfältig. Eine Rolle spielt sicher, dass sich der Medienkonsum gravierend verändert hat, außerdem sind viele andere Maßnahmen wesentlich ökonomischer – dies häufig nicht nur mit Blick auf den Einsatz der Mittel, sondern auch auf die Wirkung.

Natürlich lässt sich mit einer groß angelegten Anzeigen- oder Fernsehkampagne noch immer enorme Aufmerksamkeit erzeugen. Für Existenzgründer oder Jungunternehmer ist das allerdings meist ein deutlich zu teures Vergnügen. Trotzdem sollte Social Media natürlich immer nur ein Teil der kommunikativen Strategie sein, die wenigsten Unternehmen kommen allein damit aus.

●●

Social Search: neue Informationswege durch soziale Filter

Die Veränderungen durch Social Media – samt der damit verbundenen Nebenwirkungen für die etablierten Medien – haben im Wesentlichen etwas mit der Art zu tun, wie hier Informationen weitergegeben werden. Wenn beispielsweise eine Zeitung Ihre Anzeige publiziert, nimmt ein nicht näher bestimmbarer Teil der Leserschaft diese Werbung wahr – doch nur ein kleiner Teil davon beschäftigt sich intensiver mit Ihrer Botschaft. Leider müssen Sie trotzdem den Großteil der Leser, den Ihre Anzeige und Ihre Botschaften nicht kümmern, mitbezahlen. Da wäre es doch schöner und günstiger, wenn Sie nur Leute erreichen, die sich auch tatsächlich für Ihr Angebot interessieren – das ginge über eine Spezialzeitschrift schon besser als über eine Tageszeitung.

Noch spannender wird es jedoch, wenn Sie Personen gezielt ansprechen und darüber hinaus sogar zu einer Art Mundpropaganda anregen können. Letztere heißt im Marketingjargon „Word-to-Mouth" und ist etwas, das Sie mit Social Media tatsächlich anstoßen können. Voraussetzung dafür ist, dass es auch etwas zu erzählen gibt – möglichst etwas Gutes natürlich.

Und das funktioniert so: Es ist nicht wirklich neu, dass Informationen die Menschen erreichen – jede Zeitung und jede Nachrichtensendung im Fernsehen ist voll davon. Neu ist aber, dass Informationen gefiltert ankommen, einfach aufgrund der Tatsache, dass jeder Einzelne viele Personen kennt, die ähnliche oder gleiche Interessen haben. Soziale Medien geben genau diesen Personen die technische Möglichkeit, Informationen mit einem einfachen Klick weiterzureichen, zu teilen, wie es heißt. Dazu muss man sich nicht mehr physisch treffen, sondern kann ganz einfach zum Beispiel den „Like-Button" auf Facebook benutzen. Deswegen nimmt auch die Menge an Informationen zu, die durch das eigene Umfeld gefiltert zu einem gelangt. Wer sich für Fußball interessiert, braucht nur einen Blick in sein soziales Netzwerk zu werfen und weiß, was los ist.

Genau diesen Effekt können Sie im besten Fall bei Ihrer Zielgruppe erreichen – vorausgesetzt, Sie haben sich vorher mit ihr und ihren Wünschen und Interessen auseinandergesetzt. Wenn Sie etwas anbieten, das für Ihre Zielgruppe von Bedeutung ist, werden schnell viele Leute darüber auf digitalen Kanälen kommunizieren. Lauter Empfehlungen für Ihr Geschäft, perfekt.

Welche Inhalte sind für Social Media geeignet?

Wahrscheinlich können Sie diese Frage aufgrund der vorhergehenden Ausführungen schon selbst beantworten: Geeignet sind solche Inhalte, die Menschen bewegen. Was den Einzelnen anspricht, ist natürlich sehr individuell, einige generelle Hinweise lassen sich trotzdem geben. Menschen sind vor allem an folgenden Themen interessiert.

Menschen

In Studien zeigt sich immer wieder: Fotos wecken dann unser Interesse, wenn wir Menschen (statt Maschinen) sehen. Auf diesen Fotos sucht unser Blick wiederum zunächst die Augen der abgebildeten Personen. Wir sind soziale Wesen und mögen es, wenn es „menschelt" – verbinden Sie Fakten also immer mit einem menschlichen Aspekt. Treten Sie als Person und nicht als Unternehmen in Erscheinung, zeigen Sie im wahrsten Sinne des Wortes Ihr Gesicht.

Emotionen

Der sprichwörtliche Sack Reis, der in China umfällt, weckt keinesfalls die Aufmerksamkeit Ihrer Zielgruppe – wenn er jedoch direkt vor die Füße einer rennenden Frau fällt, die so davon abgehalten wird, vor einen Bus zu laufen, in dem der Busfahrer die Liebe seines Lebens entdeckt, sieht das mit der Aufmerksamkeit schon ganz anders aus. Dieses plakative Beispiel zeigt vor allem eines: Je besser es Ihnen gelingt, Ihr Angebot emotional aufzuladen, je mehr Humor, Dramatik oder Leidenschaft Sie Ihren Informationen hinzufügen, desto eher werden Sie wahrgenommen.

Glaubwürdigkeit

Wenig wirkungsvoll ist es hingegen, mit übertrieben superlativistischen Werbeplattitüden um sich zu werfen. Am einfachsten überprüfen Sie das an sich selbst: Ab welchem Werbepegel reagieren Sie genervt? Wer zu viele Superlative an sein Angebot heftet, verspielt das Vertrauen seiner Zielgruppe. Deshalb: Bleiben Sie ehrlich und übertreiben Sie nicht – das können dann ja Ihre zufriedenen Fürsprecher für Sie übernehmen.

Ablenkung

Ein großer Teil der Mitglieder von sozialen Netzwerken ist während der Freizeit darin unterwegs, die anderen suchen hier Ablenkung von der Erwerbsarbeit – und die ist ernst genug. Nicht zufällig verbreiten sich witzige und kuriose Meldungen mit besonders rasantem Tempo durchs Netz.

Aktualität und Innovation

Wer beruflich mit sozialen Netzwerken zu tun hat, nutzt diese oftmals als Informationskanal. Statt Tageszeitung und Fernsehsendungen konsumiert diese Nutzergruppe Webseiten, Blogs und soziale Netzwerke, um sich auf dem Laufenden zu halten. Hier können Sie mit aktuellen Meldungen punkten.

Augenhöhe

Nehmen Sie Ihre Dialogpartner ernst – wer wie ein Oberlehrer daherkommt, wird schnell Desinteresse oder Ablehnung spüren; setzen Sie sich also ernsthaft mit den Fragen und Anliegen Ihrer Zielgruppe auseinander. Überprüfen Sie dabei aber stets, ob Sie sich nicht auf Nebengleise locken lassen und damit unfreiwillig von Ihrer Strategie abweichen.

Welcher Kanal ist der richtige für Sie?

Im Grunde ist es ganz einfach: Diamanten verkaufen sich nicht gut auf dem Wochenmarkt, Obst werden Sie nur schlecht im Schuhgeschäft an den Mann bringen können. Wer sein Angebot ohne allzu große Streuverluste kommunizieren möchte, sollte das da tun, wo seine Zielgruppe zu finden ist. Statt sich also auf ein Netzwerk zu versteifen und die potenziellen Kunden mühsam dorthin zu locken, empfiehlt es sich, erst einmal die eigene Zielgruppe zu beobachten, um festzustellen, welches Netzwerk sie bevorzugt. Vergessen Sie dabei keinesfalls die Multiplikatoren! Die folgenden Fragen ermöglichen eine erste Orientierung.

→ Richtet sich Ihr Angebot an Privatkunden (Business-to-Consumer) und hat es eher Freizeitcharakter? Dann werden Sie Ihre Zielgruppe mit hoher Wahrscheinlichkeit bei Facebook oder Google+ antreffen. Hier werden amüsante Inhalte und echte Trends mit Begeisterung weitergegeben.

→ Sie wollen Businesskunden für sich begeistern (Business-to-Business)? Diese treffen Sie mit hoher Wahrscheinlichkeit bei Xing und LinkedIn an – hier findet ein fachlicher Austausch auf hohem Niveau statt.

→ Ihr Angebot ist extrem erklärungsbedürftig und Sie haben ein hohes Sendungsbewusstsein? Dann könnte ein eigenes Blog das Richtige für Sie sein – unabhängig davon, ob Ihre Zielgruppe überhaupt darin liest. Denn kaum etwas eignet sich besser als ein Blog, um spannende Social-Media-Inhalte zu verbreiten: Jeden Beitrag, den Sie hier schreiben, können Sie über alle anderen Netzwerke weiterverteilen. Statt fremde Inhalte weiterzugeben, produzieren Sie so selbst einzigartigen Content.

Sie merken es schon, Sie müssen sich nicht auf ein Netzwerk festlegen und können auch mehrere Netzwerke miteinander verknüpfen (siehe Kapitel 11). Dabei gilt: Wofür Sie sich auch entscheiden, es wird Ihnen keinen Erfolg bringen, wenn Sie sich in einem Netzwerk engagieren, das Ihnen keinen Spaß macht. Folgen Sie daher nicht nur strategischen Erwägungen, sondern auch dem Lustprinzip: Probieren Sie – unter strengen Privatsphäre-Einstellungen – die verschiedenen Netzwerke aus, sammeln Sie erste Kontakte und Erfahrungen und entscheiden Sie dann, wo Sie sich am wohlsten fühlen. Und finden Sie heraus, wo Sie die interessantesten Geschäfte machen können.

Tipp

SOCIAL MEDIA ALS REGELKREIS

Auch wenn Ihre Social-Media-Strategie bereits konkrete Züge angenommen hat, sind die Überlegungen noch nicht zu Ende. Marktveränderungen, technische Innovationen und Ihr Kompetenzgewinn machen es erforderlich, den eingeschlagenen Weg ständig zu überprüfen und anzupassen: Welche Maßnahmen sind erfolgreich, welche nicht? Welche neuen technischen Features möchten Sie ausprobieren und in Ihre Strategie integrieren? Welche Branchentrends wollen Sie aufnehmen? Nur wer sich diesen Fragen regelmäßig stellt, wird nicht nach und nach vom Strom der Entwicklungen überrollt.

Kapitel 4

Blogs - das digitale Medium der Zukunft

Blogs? Wieso **Blogs**? Hier geht es doch um Facebook, Twitter und Co.? Prinzipiell ist das richtig – doch wer sich mit Social Media beschäftigt, kommt an Blogs nicht vorbei. Die ersten tauchten Mitte der 1990er-Jahre auf und wurden **„Online-Tagebücher"** genannt („Blog" ist die Kurzform für das englische Wort „Web-Log", eine Kombination aus „World Wide Web" und „Log"). Es handelte sich dabei um **Webseiten**, auf denen Internetnutzer periodisch und chronologisch sortiert Einträge über ihr eigenes Leben und alles, was sie bewegte, veröffentlichten.

Die Bedeutung von Blogs für Social Media

Was sich so einfach liest, bedeutete einen fundamentalen Wandel in der Medienwelt, denn bis zur Etablierung von Blogs verlief mediale Kommunikation ausschließlich in eine Richtung: von Verlagen, Fernsehsendern oder Medienhäusern hin zum Leser, Zuschauer oder Zuhörer. Medienproduzenten und Journalisten genossen ein absolutes Publikationsmonopol, doch die Blogs weichten es auf: Jeder Internetnutzer – egal, ob Journalist oder nicht – konnte von da an gleichzeitig Produzent und Empfänger von Nachrichten und Inhalten sein. Er konnte sich mit anderen Nutzern austauschen und so seine eigene, unzensierte und nur von eigenen Interessen geleitete Medienwelt schaffen.

Schnell entstand auch ein Name für diese neue Medienwelt: Der 1999 erstmals verwendete Begriff „Blogosphäre" bezeichnet die Gesamtheit aller Weblogs und der zwischen ihnen bestehenden Verbindungen. Er entspringt der Wahrnehmung, dass Blogs aufgrund ihrer Verbindung untereinander ein soziales Netzwerk bilden – und damit die Keimzelle aller Social-Media-Lösungen der Gegenwart und der Zukunft.

Mittlerweile werden Blogs auch von den klassischen Medien anerkannt – was sich unter anderem daran zeigt, dass einflussreiche Blogger als Meinungsmacher akzeptiert und von PR-Leuten auf eine Stufe mit Journalisten gestellt werden. Zudem übernimmt die etablierte Presse Themen, die in Blogs auftauchen. In Ländern wie Iran und China sind Blogs und andere soziale Netzwerke die einzige Möglichkeit, an unzensierte Informationen über Menschenrechtsverletzungen oder die aktuelle politische und soziale Lage zu gelangen.

Nun leben Sie aber in einem Land, in dem es sehr wahrscheinlich nicht notwendig ist, ein Blog zu betreiben, um sich über politische und soziale Missstände äußern zu können. Wieso also sollte diese Form von Kommunikation interessant für Sie sein? Die Antwort verbirgt sich in dem Spruch „Content is King". Millionen Facebook-, Twitter- und andere Social-Media-Nutzer verbreiten tagtäglich nur eines im Netz: Inhalte. Die meisten dieser Nutzer kreieren nichts selbst, sondern geben nur das weiter, was sie an anderer Stelle gefunden haben – oft in der Blogosphäre. Wer sich traut, eine eigene Meinung zu haben und diese öffentlich zu äußern, wer regelmäßig über spannende Neuigkeiten zu einem bestimmten Thema oder einer bestimmten

Branche bloggt, kann mit der Zeit eine echte Fangemeinde gewinnen und so aktiv an seiner Online-Reputation arbeiten. Mit regelmäßigem und spannendem Content etablieren Sie sich als Experte auf Ihrem Gebiet und aktivieren auf diese Weise Multiplikatoren und potenzielle Kunden.

Wichtig ist es, dass Sie eine Art „Schaltzentrale" für all Ihre Social-Media-Aktivitäten einrichten: Schreiben Sie zunächst einen Facebook-Beitrag und geben dies dann via Twitter weiter? Oder veröffentlichen Sie eine Xing-Statusmeldung, die Sie automatisch auch über Facebook und Twitter verbreiten? Oder äußern Sie sich zuerst auf Google+ und weisen dann in den anderen Netzwerken auf Ihren Beitrag hin? Hier empfiehlt es sich, von Anfang an sämtliche Veröffentlichungen an einer zentralen Stelle vorzunehmen, auf die Sie über die anderen Kanäle verweisen. Aus drei wesentlichen Gründen ist ein Blog der richtige Platz dafür:

→ Hier steht Ihnen deutlich mehr Platz zur Verfügung als in anderen sozialen Netzwerken. Twitter beispielsweise begrenzt Nachrichten auf 140 Zeichen, Xing schränkt Ihre Mitteilungsfreude in der Statusmeldung auf 420 Zeichen ein. In einem Weblog hingegen können Sie so viel schreiben, wie Sie möchten. Ihrer Phantasie sind keine Grenzen gesetzt – außer durch die Geduld Ihrer Leserschaft.

→ Ein Blog können Sie individuell gestalten und Ihrem Corporate Design anpassen – deutlich besser als jede Headergrafik bei Google+ oder Facebook. Sie allein haben die Hoheit über Ihr visuelles Erscheinungsbild. Eine solche Anpassung ist nicht besonders schwer und auch ohne Programmierkenntnisse zu bewältigen: Für die gängigsten Blog-Lösungen sind zahlreiche vorgefertigte Erscheinungsbilder kostenlos im Internet erhältlich – mit minimalen Veränderungen wird daraus Ihr ganz persönliches Weblog.

→ Wenn Sie bei Facebook und Co. veröffentlichen, liegen sämtliche Daten auf den Servern des Netzwerkbetreibers. Entscheiden Sie sich später einmal gegen eines dieser Netzwerke oder wird eines geschlossen, ist es meist nur unter großen Schwierigkeiten möglich, die eigenen Inhalte mitzunehmen. Die Software zum Betrieb eines Blogs sowie sämtliche Inhalte werden hingegen bei Ihrem Provider hinterlegt und gehören Ihnen, auch wenn Sie den Anbieter wechseln.

DER EIGENE SERVER

Zahlreiche kostenfreie Blog-Lösungen bieten diesen Luxus nicht, bei ihnen ergeht es Ihren Daten ganz ähnlich wie bei Facebook und Co. Wer die Kosten für den eigenen Serverplatz scheut oder sich zunächst einmal ausprobieren möchte, ist hier als Einsteiger trotzdem richtig – mittelfristig empfiehlt sich dann aber ein Umzug auf den eigenen Server.

Wie Blogs funktionieren: Aufbau und Content

Der Siegeszug der Blogs im Bereich des privaten Publizierens liegt vor allem in ihrer einfachen Handhabbarkeit begründet: Jeder Internetnutzer kann ein Blog aufsetzen und bedienen. Anders als bei einer klassischen Webseite sind dafür keinerlei Programmier- oder Gestaltungskenntnisse erforderlich. Basis eines jeden Blogs ist ein Redaktionssystem (Content-Management-System, kurz CMS), das entweder auf dem eigenen Server installiert oder als gehostete Lösung genutzt wird – das bekannteste ist sicherlich WordPress. Tausende von vorgefertigten Layouts (die sogenannten Themes) ermöglichen eine Anpassung an Ihre Gestaltungswünsche, ohne dass Sie in die Programmierung eingreifen müssen.

Speziell für Blogs entwickelte Software-Lösungen haben zudem eine Besonderheit: Sie geben sogenannte RSS-Feeds aus. Ein Feed enthält die Inhalte eines Blogs in vereinfachter Form und kann mithilfe eines sogenannten Feedreaders abonniert und gelesen werden. Wer viele verschiedene Blogs liest, abonniert deren Feeds und stellt so sicher, dass er keinen neuen Beitrag verpasst, ohne täglich überall vorbeischauen zu müssen.

Eine zweite Besonderheit von WordPress und Co. ist vor allem für die Vernetzung Ihres Blogs von Bedeutung: Sie erzeugen sogenannte Permalinks für jedes einzelne Posting. Ein Permalink ist eine beständige Internetadresse, unter der ein Eintrag auch nach Jahren noch abgerufen werden kann. Typisch für eine klassische Webseite ist beispielsweise eine URL wie www.beispiel.de/

Seine Beiträge zum Geschehen in der Social-Media-Szene machen das socialmedia-blog zu einer zentralen Anlaufstelle für Fachleute aus dem deutschsprachigen Raum.

aktuelles. Wer hierauf verlinkt, findet je nach Abrufdatum unterschiedliche Inhalte. Wer jedoch für seine aktuellen Neuigkeiten einen Permalink wie www.beispiel.de/aktuelles/09072012 oder www.beispiel.de/aktuelles/head line-des-beitrags verwendet, stellt sicher, dass sein Beitrag dauerhaft unter genau dieser Adresse bereitsteht. Das ist in der Blogosphäre deshalb so wichtig, weil Blogger verhindern möchten, dass Links auf ihre Postings nach einiger Zeit ins Leere oder zu einem falschen Beitrag führen.

Blogs sind darüber hinaus hilfreich, wenn es um die Suchmaschinenoptimierung geht. Viele Verlinkungen und eine hohe Dynamik werden von den Suchmaschinen als Zeichen für die Relevanz einer Webseite interpretiert. Je mehr also auf Ihrem Blog passiert und je besser es vernetzt ist, desto weiter oben steht es in den Ergebnislisten der Suchmaschinen. Wenn Sie nun auch noch die für Ihr Business wesentlichen Schlagwörter möglichst regelmäßig verwenden – am besten in den Überschriften Ihrer Beiträge –, sorgen Sie mit Ihrem Blog dafür, über diese Suchbegriffe gefunden zu werden.

Die charakteristischen Elemente eines Blogs

Es gibt einige Elemente, die jedes Blog aufweist und die den Lesern bei der Nutzung Orientierung geben.

Postings

Kernelemente eines Blogs sind die vom Autor („Blogger" genannt) veröffentlichten Einträge („Postings" oder „Posts"). Sie werden umgekehrt chronologisch aufgelistet, das heißt, der aktuellste Eintrag steht immer oben. Ältere Beiträge werden auf weiteren Seiten oder im Archiv angezeigt.

Kategorien

In den meisten Blogs werden die einzelnen Postings verschiedenen Kategorien zugeordnet. Dabei handelt es sich um vom Autor vergebene Schlagwörter. Ein Beitrag kann durchaus mehreren Kategorien zugeordnet sein. Nach dem Klick auf ein Schlagwort werden dem Leser sämtliche Postings angezeigt, die der Autor in dieser Kategorie veröffentlicht hat.

Kommentare

In den meisten Blogs können die Leser Kommentare zu einzelnen Beiträgen abgeben und so in eine Diskussion einsteigen. Um unerwünschte Kommentare oder Spam zu vermeiden, betätigen sich die meisten Blogger als Moderatoren. Das bedeutet: Neue Kommentare werden nicht sofort angezeigt, sondern der Moderator muss sie zunächst freischalten.

Blogroll

In der sogenannten Blogroll sammelt ein Blogger Links zu anderen Blogs, die er für empfehlenswert hält. Diese werden in Form einer Liste auf der Startseite des Blogs platziert, der Leser kann so ganz einfach auf weitere für ihn möglicherweise spannende Weblogs gelangen. Mehr und mehr Blogger verzichten auf die Blogroll – und damit auf eine Gelegenheit zur Selbstdarstellung und die Möglichkeit, hierüber Inhalte für das eigene Blog zu generieren.

Suchfeld

Mittels eines Suchfeldes ermöglichen viele Blogger den Lesern eine Volltext-suche über ihr Blog. So können diese gezielt nach bestimmten Themen oder Postings suchen.

Welche Inhalte sind für Blogs geeignet?

Ein Blog ist kein Verlautbarungsorgan – wer es nur nutzt, um seine Produkte oder Dienstleistungen anzupreisen, langweilt seine Leserschaft. Doch wie bekommen Sie Ihre Leser überhaupt dazu, ein Posting zu Ende zu lesen und eventuell weiterzuempfehlen oder zu einem regelmäßigen Besucher Ihres Blogs zu werden?

Ein guter Anhaltspunkt, um diese Frage zu beantworten, ist Ihr eigenes Verhalten: Was lesen Sie selbst gerne? Wie viel Zeit nehmen Sie sich für einen spannenden Beitrag im Netz? Warum abonnieren Sie eine Zeitschrift oder empfehlen ein Sachbuch weiter? Ihre Leserschaft verhält sich ganz ähnlich wie Sie – wenn Sie sich selbst begeistern, begeistern Sie daher vermutlich auch Ihre Leserschaft.

Was macht einen guten Blog-Text aus?

Es gibt verschiedene Methoden, Interesse und Begeisterung bei Ihrer Leser-schaft zu wecken – die wichtigsten stellen wir Ihnen im Folgenden vor.

Seien Sie relevant

Was genau für Ihre Zielgruppe wichtig ist, wissen Sie selbst am besten. Im Idealfall ist Ihre Leserschaft nach dem Besuch Ihres Blogs ein kleines bisschen klüger als vorher.

Seien Sie einzigartig

Der x-te Beitrag zum immer gleichen Thema lockt niemanden mehr hinter dem Ofen hervor. Wer echte Neuigkeiten bringt, erhöht die Wahrscheinlichkeit, weiterempfohlen zu werden, enorm. Und auch wenn es sich nicht um ein vollkommen neues Thema handelt, können Sie mit Einzigartigkeit punkten: Lesen Sie sich in die Online-Diskussion zum Thema ein und fokussieren Sie Ihren Beitrag auf einen bisher unberücksichtigten Aspekt des Themas.

Seien Sie amüsant

Jeder von uns schätzt die kleinen Fluchten aus dem Arbeitsalltag und für alle Schreibtischtäter ist die Ablenkung immer nur einen Klick entfernt. Wer sein Publikum unterhält, verankert sich positiv in den Köpfen und wird mit hoher Wahrscheinlichkeit weiterempfohlen. Wichtig ist natürlich, dass Sie dabei nie den Bezug zur Branche und zur Zielgruppe verlieren. Andernfalls werden Sie schnell als irrelevant und unseriös wahrgenommen.

Seien Sie sprachlich kreativ

Mit trockenen Faktenformulierungen werden Sie die Aufmerksamkeit Ihrer Zielgruppe schwerlich erringen. Mit überraschenden Vergleichen, bildhafter Sprache und spannenden Anekdoten hingegen zünden Sie ein wahres Feuerwerk im Gehirn Ihrer Leserschaft. Emotionen sind der Schlüssel zum Inneren eines Menschen – nutzen Sie diesen Zugang.

Seien Sie persönlich

Dieser Hinweis ist gleich doppelt wertvoll, denn damit ist sowohl die persönliche Ansprache Ihrer Leserschaft gemeint als auch das Zeigen Ihrer eigenen Persönlichkeit. Erinnern Sie sich an den Kerngedanken, der hinter einem Blog steht: Es handelt sich dabei um eine Art „Tagebuch im Internet". Und was gibt es Persönlicheres als ein Tagebuch? Ihre Leser wollen wissen, mit wem sie es zu tun haben. Bekennen Sie sich also zu Ihrer eigenen Meinung und gehen Sie dabei auch durchaus einmal das Risiko ein zu polarisieren. So entstehen spannende Diskussionen und suchmaschinenfreundliche Bewegung auf Ihrem Blog. Mit der persönlichen Ansprache Ihrer Leser, mit Fragen und konkreten Handlungsaufforderungen tragen Sie zusätzlich zur Aktivierung Ihres Blogs bei.

Wo kommen die Inhalte her?

Schön und gut, mögen Sie jetzt denken, aber woher die Inhalte nehmen, die diesen Kriterien entsprechen? Bei mindestens einem Post pro Woche – besser sind zwei bis drei – bedarf es einiger Kreativität, um ein Blog dauerhaft am Laufen zu halten. Äußerst hilfreich ist ein langfristiger Redaktionsplan, in dem die Inhalte und die jeweiligen Veröffentlichungszeitpunkte aufgeführt sind. So gerät das Blog im Alltagsstress nicht in Vergessenheit und Ihnen steht jederzeit eine ganze Sammlung von Ideen zur Verfügung.

Jeder, der schon einmal zu einem festen Termin eine bestimmte Zahl von Wörtern aufs Papier bringen musste oder wollte, kennt die Angst vor dem weißen Blatt oder die berühmte Schreibblockade – mit folgenden Vorschlägen gehört beides der Vergangenheit an.

Nutzen Sie Google und Twitter

Sie möchten sich zu einem bestimmten Thema als Experte positionieren? Dann legen Sie einen Google-Alert zu den für Sie relevanten Suchbegriffen an und lassen Sie sich tagesaktuell über Ihre Branche informieren. (Dabei handelt es sich um einen kostenlosen Service von Google, mit dem Sie automatisierte Suchen nach bestimmten Begriffen speichern können und immer dann per Mail benachrichtigt werden, wenn sich dazu ein neues Ergebnis auftut.) So sind Sie immer auf dem Laufenden und können die Neuigkeiten zeitnah an Ihre Leserschaft weitergeben und/oder kommentieren. Das Gleiche ist mithilfe der Twitter-Suche möglich.

Fragen Sie Ihre Leserschaft

Wenn Sie bereits seit einiger Zeit aktiv sind und regelmäßige Leser gefunden haben, ist der direkte Weg manchmal der einfachste: Schreiben Sie einen Blogbeitrag, in dem Sie Ihre Leser nach ihren Wünschen und Interessen fragen. So lernen Sie etwas über Ihre Zielgruppe und sammeln gleichzeitig Ideen für weitere Blogbeiträge.

Präsentieren Sie Ihre Blogroll

In der Blogroll sammeln Sie die Ihrer Meinung nach lesenswertesten Blogs der Branche, von denen auch Ihre Leser wissen sollten. Doch warum genau sind Sie ein Fan dieser Blogs? Schreiben Sie darüber Beiträge.

Lassen Sie Ihre Projekte sprechen

Sie bieten erklärungsbedürftige Produkte oder Dienstleistungen an? Dann setzen Sie statt auf dröge Fakten auf spannende Projektberichte: Welches Problem haben Sie für welchen Kunden gelöst? Wo ist Ihr Produkt jetzt im Einsatz? Kann man das im Film oder auf Fotos sehen?

Laden Sie zu Interviews ein

Viele Menschen lieben es, Fragebögen auszufüllen oder Interviewfragen zu beantworten. Investieren Sie Neugier und Branchenwissen und nutzen Sie diese Tatsache, um eine Serie von Interviews zu machen. In jedem von uns steckt ein kleiner Profilneurotiker – Sie werden überrascht sein, wie gerne man Ihnen für ein Gespräch zur Verfügung steht.

Starten Sie eine Blog-Parade

Bei einer Blog-Parade (auch „Blog-Karneval" genannt) handelt es sich um eine Aktion, bei der viele verschiedene Blogger in einem definierten Zeitraum zu einem vorgegebenen Thema schreiben. Dazu aufrufen und daran teilnehmen kann jeder; der Initiator genießt den Vorteil, während der Parade immer wieder darüber berichten zu können und zahlreiche thematisch passende Links auf sein Blog zu erhalten.

Engagieren Sie Gast-Autoren

Es gibt unzählige Fachleute, die viel zu sagen haben, aber viel zu wenig Zeit, um ein eigenes Blog zu betreiben. Sicherlich kennen Sie solche Personen: Manchmal sind es Kunden, manchmal ehemalige Kollegen oder auch aktuelle Kooperationspartner. Sie freuen sich, wenn eine Plattform zur Verfügung steht, auf der sie ihre Ideen und Überlegungen ausbreiten können. Und ganz nebenbei gewinnen Sie so neue Leser: Der stolze Gast-Autor wird sein Netzwerk über seinen Beitrag informieren und so zum Multiplikator für Ihr Blog.

Geben Sie Hilfestellung

Besonders gern gelesen werden Blogbeiträge, die dem Leser einen echten Mehrwert bieten. Dazu gehören Anleitungen (die sogenannten „How-tos"), Checklisten, Link- und Tippsammlungen sowie Buchrezensionen. Die typische

Überschrift zu einem solchen Blog-Post liest sich dann beispielsweise so: „Die zehn besten Links zum Thema Suchmaschinenmarketing", „So schreiben Sie ein Buch-Exposee" oder „Checkliste: Sind Sie ein Blogger?".

Im Gespräch

Verständlich und amüsant schreiben: nicht einfach, wenn man sich vorwiegend mit juristischen Themen auseinandersetzt. **Thomas Schwenke** ist das Kunststück gelungen: In seinem Blog „I LAW it" bringt der Rechtsanwalt für Social-Media-, Online- und Datenschutzrecht juristische Sachverhalte laienverständlich auf den Punkt – und macht dabei ganz nebenbei äußerst erfolgreich Werbung für seine Kanzlei in Berlin.

Erst „Spreerecht" mit Ihrem ehemaligen Geschäftspartner, jetzt „I LAW it" im Alleingang: Ohne Blog scheint es bei Ihnen nicht zu gehen. Wie viel Zeit pro Woche verbringen Sie in der Blogosphäre?

Das ist wirklich schwer zu sagen, weil sich die Blogosphäre quer durch mein Berufs- und Privatleben zieht. Zudem verschwimmen die Grenzen zwischen Blogs, Magazinen, Portalen und sozialen Netzwerken immer mehr. Ich weiß nicht mehr, wo die Blogosphäre anfängt und wo sie endet – so lese ich beispielsweise viele Blogbeiträge direkt bei Facebook und manch ein Google+-Beitrag ist länger als viele Blogartikel. Insgesamt verbringe ich bestimmt 20 Stunden pro Woche in der Blogosphäre.

Aus Jux und Dollerei machen Sie das vermutlich nicht: Wie profitieren Sie im Alltagsgeschäft von der Bloggerei?

Zum einen hilft mir das Bloggen beruflich. Mandanten erwarten von einem Anwalt dreierlei Dinge: Er muss rechtlich firm sein, ihrem Geschäft Vorteile bringen und die Inhalte verständlich vermitteln können. Ein Blog ist die perfekte Möglichkeit, genau diese Fähigkeiten zu präsentieren. Zum anderen habe ich mittlerweile sehr viele nette Blogger persönlich kennengelernt und profitiere so auch privat vom Bloggen.

Was ist Ihr größter Erfolg, den Sie mit Ihrem Blog erreicht haben?
Der größte Erfolg ist sicherlich mein Buch „Social Media Marketing & Recht". Durch das Bloggen lernte ich die Gründer von Allfacebook.de kennen, die mir vorschlugen, aus meinen Artikeln eine Blogserie und danach ein E-Book zu erstellen. Als ich die Idee beim O'Reilly-Verlag vorstellte, erhielt ich sofort den Zuschlag für ein Buch, weil mir mein Blog als Visitenkarte diente.

Steckt hinter der Bloggerei ein Konzept? Und falls ja: Wie sieht es aus?
Die Grundidee ist, Rechtsartikel zu schreiben, die jeder verstehen kann. Dabei will ich natürlich auch Interesse wecken, das mir beruflich nützt. Immer wieder schreibe ich auch persönlichere Beiträge, damit die Leser eine Beziehung zu mir als Autor aufbauen können – denn gerade das unterscheidet einen Blogger von einem Online-Magazin mit zum Teil anonymen Autoren.

Haben Sie einen ultimativen Blog-Tipp für Existenzgründer und Selbstständige?
Erstens: Immer über Dinge schreiben, für die man eine Passion hat – nur dann springt der Funke auf den Leser über. Zweitens: viele Absätze und kurze Sätze.

Als Anwalt, Blogger und Autor kennen Sie sicher die schlimmsten Blogger-Fehler aus dem Effeff – was sind die gängigsten und vermeidbarsten Fettnäpfchen?
Am häufigsten kommen Urheberrechtsverletzungen vor. Bilder aus der Google-Bildersuche sind tabu, bei kostenlosen Bilddatenbanken muss man sich an die Lizenzbedingungen halten, also zum Beispiel den Namen des Fotografen nennen. Und: Ein Blogger sollte nur Tatsachen behaupten, die er nachweisen kann, denn bei Abmahnungen liegt die Beweislast bei ihm. Daher ist es sinnvoller, den Meinungsstil zu verwenden und entsprechend zu formulieren, zum Beispiel „ich meine", „meines Erachtens", „ich denke". Auch Mitteilungen über potenzielle Rechtsverstöße in den Kommentaren sollte ein Blogger unbedingt ernst nehmen: Wer Rechtsverletzungen nicht innerhalb weniger Tage entfernt, haftet so, als hätte er sie selbst begangen.

Vernetzung: der Schlüssel zur Bekanntheit

Sie haben ein Blog, Sie haben ein Thema, Sie haben genügend Ideen für Postings – doch wie erfährt die Blogosphäre davon? Wie erreichen Sie die Leser? Die erste Regel lautet: indem Sie so schreiben, dass Ihre Texte gelesen und weiterempfohlen werden. Dieser Hinweis bezieht sich auf die Menschen, aber auch die Maschinen wollen berücksichtigt werden: Niemand wird Ihr Blog lesen und weiterempfehlen, wenn er es nicht findet. Deshalb ist es wichtig, beim Verfassen von Blogbeiträgen mit Schlagwörtern zu arbeiten, die für Ihre Zielgruppe von Relevanz sind und über die Sie mithilfe von Suchmaschinen gefunden werden wollen.

Allerwichtigstes Element zur Steigerung der Bekanntheit Ihres Blogs ist jedoch die Vernetzung – mit Menschen, anderen Blogs und Verzeichnissen. Dazu stehen Ihnen zahlreiche Möglichkeiten zur Verfügung.

Blogverzeichnisse

Zunächst einmal muss die Welt erfahren, dass Ihr Blog überhaupt existiert. Dazu können Sie es in diverse sogenannte Blogverzeichnisse eintragen, über die sich Ihre potenzielle Leserschaft informiert, und damit gleichzeitig für suchmaschinenrelevante Links auf Ihr Blog sorgen. (Vielfach verlinkte Seiten werden von Google für relevanter gehalten als unverlinkte – jeder Link auf Ihr Blog wirkt sich daher positiv auf dessen Suchmaschinenranking aus.) Das wohl bekannteste Blogverzeichnis Deutschlands finden Sie unter Bloggerei.de, schlichtes Googeln mit dem Stichwort „Blogverzeichnis" bringt Ihnen etliche weitere Treffer wie Blog-Finden.de, Blogverzeichnis.at, Blogalog.de, Blogvz.de oder Blogverzeichnis.eu.

Vernetzung mit anderen Blogs

Wer in der Blogosphäre zur Kenntnis genommen werden will, muss jedoch mehr tun, als präsent zu sein. Das ist wie auf einer Party: Einfach nur in der

Ecke zu stehen bringt niemanden weiter – wer neue Kontakte machen will, muss auf die anderen Gäste zugehen. Auf die Blogosphäre übertragen bedeutet das: Lesen Sie andere Blogs, nehmen Sie die besten in Ihre Blogroll auf und kommentieren Sie. Das Web 2.0 ist dialogisch ausgerichtet, es lebt von der Diskussion zwischen den Nutzern. Übrigens: Blogger sitzen keineswegs rund um die Uhr im stillen Kämmerlein und ernähren sich von Pizza und Bier. Überall auf der Welt veranstalten sie Treffen, die dem Kennenlernen und der Vernetzung untereinander dienen.

Ein anderer Weg, von anderen Bloggern wahrgenommen zu werden, ist bereits in die Software-Lösungen für Blogs integriert: die sogenannten Pingbacks. Dabei handelt es sich um die automatische Benachrichtigung eines anderen Bloggers, wenn Sie sein Blog in einem Ihrer Postings erwähnen. Diese Benachrichtigung erscheint in den Kommentaren zu dem entsprechenden Beitrag des anderen Bloggers und wird damit von sämtlichen Lesern des anderen Blogs zur Kenntnis genommen.

Beispiel

PINGBACKS IN DER PRAXIS

Sie lesen im Blog von Klaus Mustermann einen Beitrag über seinen kranken Hund. Der hat seit Tagen nichts gefressen, Klaus ist sehr in Sorge. Als niedergelassener Tierarzt betreiben Sie ein Haustierblog und nehmen Klaus' Posting zum Anlass, einen Beitrag über die verschiedenen Gründe von Appetitverlust bei Hunden zu schreiben. In diesem Beitrag verlinken Sie auf Klaus' Posting, das ja der Anlass für Ihren Beitrag ist. Ihre Blog-Software setzt nun automatisch einen Pingback ab, der (in Form eines Textauszugs aus Ihrem Beitrag) in den Kommentaren zu Klaus' Beitrag erscheint – sowohl er als auch seine Leser erfahren so von Ihrem Beitrag und Ihrer Kompetenz als Tierarzt.

Weiterempfehlung via Social Media

Auf vielen Blogs finden Sie unter jedem Beitrag eine Leiste mit vielen bunten Buttons. Dabei handelt es sich nicht um ein Zierelement, sondern um die Möglichkeit, den jeweiligen Beitrag möglichst unkompliziert weiterzuempfehlen. Mit einem Klick kann der Leser den von ihm als spannend empfundenen Beitrag via Facebook, Twitter und Co. mit seinem Netzwerk teilen. Zu diesem Zweck bieten die meisten sozialen Netzwerke fertige Buttons zum Download an, die Sie dann nur noch in Ihr Blog einbauen müssen.

Auch wenn Sie eigene Blogbeiträge automatisch an Ihre verschiedenen Netzwerke weiterempfehlen wollen, stehen Ihnen verschiedene technische Lösungen zur Verfügung. Mit Applikationen wie Networked Blogs (www. networkedblogs.com) kann jedes neue Posting automatisch über Facebook veröffentlicht werden; Xing ermöglicht es, den eigenen Blog-Feed auszulesen und so eine automatische Statusmeldung zu jedem neuen Blogbeitrag abzusetzen.

Tipp

SO VERNETZEN SIE IHR BLOG MIT IHREM XING-PROFIL

In den Xing Beta Labs (www.xing.com/betalabs) finden Sie zahlreiche neue Funktionen, die noch nicht für sämtliche Nutzer freigegeben sind, aber schon ausprobiert werden können – unter anderem den Blog-Import per RSS. Sobald Sie diesen aktiviert haben, können Sie sämtliche Xing-Kontakte automatisch über jeden neuen Blogbeitrag informieren. Dazu müssen Sie nur noch auf Ihrer Profilseite (relativ weit unten unter „Web") die RSS-Adresse Ihres Blogs eingeben. Sie finden diese in der senkrechten Menüleiste Ihres Blogs unter „RSS": Wenn Sie hier mit der rechten Maustaste auf „RSS Feed" klicken, können Sie die entsprechende URL speichern und in das Formularfeld bei Xing einfügen.

Auch LinkedIn bietet eine gute WordPress-Integration in das eigene Profil an, damit erhöht sich die Reichweite jedes einzelnen Blogbeitrags enorm. Gleichzeitig riskieren Sie jedoch, Ihre Leserschaft zu nerven. Derartige Automatisierungen sollten mit Fingerspitzengefühl gehandhabt werden: Bewusst und selektiv eingesetzt können sie die Arbeit enorm erleichtern. Im schlimmsten Fall kommt es jedoch dazu, dass Sie die immer gleiche Nachricht über sämtliche Kanäle verbreiten. Wer mehrfach mit Ihnen vernetzt ist, wird sich dann schnell belästigt fühlen und den Eindruck bekommen, dass Sie nicht zielgruppen- und mediengerecht kommunizieren können.

Gut zu wissen

PLUG-IN FÜR DEN NEWSLETTER-VERSAND

Für den Versand eines Newsletters direkt aus Ihrem Blog benötigen Sie ein sogenanntes Plug-in für WordPress. Ein Plug-in ist ein Softwaremodul, das von externen Anbietern programmiert und über eine offene Schnittstelle mit der ursprünglichen Software verbunden wird. Es gibt zahlreiche Newsletter-Plug-ins für WordPress – eine Übersicht über die besten kostenlosen Varianten gibt es hier: http://tomuse.com/wordpress-newsletter-plugin.

Blog-Marketing im Web 1.0

Auch außerhalb von Social Media bestehen zahlreiche Möglichkeiten, auf Ihr Blog aufmerksam zu machen. In einem ersten Schritt empfiehlt es sich beispielsweise, den Hinweis auf Ihr Blog in Ihre E-Mail-Signatur und die Blog-URL in alle anderen Web-Präsenzen zu integrieren – von der Webseite bis zur fachspezifischen Datenbank. Falls Sie bisher keinen Newsletter verschicken, könnte Ihr Blog ein willkommener Anlass dafür sein – hier stehen Ihnen gleich drei Möglichkeiten zur Verfügung:

1. Sie verknüpfen Ihr Blog mit einem Newsletter-Tool, sodass Abonnenten jedes Ihrer Postings via E-Mail erhalten.

2. Sie verschicken regelmäßig eine Sammlung der wichtigsten Beiträge als Newsletter.
3. Sie kreieren einen eigenständigen Newsletter, der über verschiedenste Themen berichtet und unter anderem Hinweise auf Ihre Blogbeiträge enthält.

Und in der analogen Welt?

Vor lauter Social Media vergessen viele, dass sie auch im analogen Leben über ein funktionierendes Netzwerk und zahlreiche mediale Kanäle verfügen. Auch hierüber lässt sich ein Blog sehr gut bekannt machen:

→ Erzählen Sie Freunden, Bekannten, Geschäftspartnern und ehemaligen Kollegen von Ihrem Blog-Projekt.
→ Integrieren Sie die Blog-URL in Ihre Visitenkarte und Ihr Briefpapier.
→ Machen Sie Werbung auf Ihrem Auto.
→ Sie nehmen an Messen teil? Verteilen Sie Postkarten oder Flyer zu Ihrem Blog.
→ Machen Sie Werbung in den zielgruppenrelevanten Printmedien oder platzieren Sie PR-Beiträge.
→ Lassen Sie pfiffige und zur Zielgruppe passende Streu-Artikel produzieren – von der Baumwolltragetasche über den klassischen Kugelschreiber bis hin zum Adventskalender.

Selbsttest: Sind Sie ein Blogger?

Nicht jeder ist zum Bloggen geboren und mancher wird damit nie erfolgreich sein. Mit der folgenden Checkliste finden Sie heraus, ob ein Blog das richtige Medium für Sie ist:

→ Macht Ihnen das Schreiben Spaß?
→ Verbringen Sie gerne Zeit vor dem Computer?
→ Nutzen Sie das Internet als Recherche-Quelle für die Neuigkeiten aus Ihrer Branche?
→ Lernen Sie gerne neue Leute kennen?

→ Sind Sie langfristig bereit, mindestens zweimal wöchentlich Zeit und Energie für einen Blogbeitrag zu investieren?

→ Können Sie sich vorstellen, zum regelmäßigen Leser anderer Blogs zu werden?

→ Haben Sie den Mut, Ihre Meinung auch öffentlich und im anonymen Raum des Internet kundzutun?

→ Können Sie mit Kritik umgehen, auch wenn sie unter die Gürtellinie geht?

Wenn Sie nicht mindestens fünf dieser Fragen mit Ja beantworten können, sollten Sie die Inhalte für Ihre Social-Media-Aktivitäten besser aus anderen Quellen beziehen.

Hat der Selbsttest ergeben, dass Sie zum Blogger geeignet sind, erfüllen Sie auch die Voraussetzungen, sich aktiv in einem oder mehreren sozialen Netzwerken zu betätigen. Wie beim Bloggen benötigen Sie für jedes der im Folgenden vorgestellten Netzwerke Internetaffinität, Zeit, Kontaktfreude, Dialogbereitschaft und Kritikfähigkeit. Warum wir Ihnen in unserem Buch ausgerechnet Xing, Facebook, LinkedIn, Google+ und Twitter präsentieren? Weil wir sie für die zurzeit wichtigsten Netzwerke auf dem deutschsprachigen Markt halten. Die Reihenfolge, in der wir sie vorstellen, ist rein zufällig gewählt und stellt keine Wertung dar – Sie können sich auch gerne erst einmal nur ein Netzwerk herauspicken oder die Kapitel nicht hintereinander weg lesen. Hier schon einmal ein erster Überblick:

Begriffe und Funktionen der verschiedenen sozialen Medien im Vergleich					
Wie heißt ... bei ...					
XING	Facebook	LinkedIn	Google+	Twitter	Klassisch bei Blogs, Forensoftware
Profil	Profil	Profil	Profil	Profil	-
Neuigkeiten	Nachrichten-übersicht	Updates	Neuigkeiten	Timeline	-
Gästebuch	-	-	-	-	Pinnwand/ Kommentar
Über mich	Info	Zusammen-fassung	Über mich	Bio	-

Kontaktanfrage	Freundschafts-anfrage	Vernetzen	Zu Kreisen hinzufügen	Folgen	Kontakt
Kontakt	Freund/Fan	Kontakt	Kontakt	Follower/Folge ich	Freund
Kategorie	Liste	-	Kreis	Liste	-
(Persönliche) Nachricht	Nachricht	Nachricht/Inmail	-	Direktnachricht	Private Nachricht
Themen	-	News	Entdecken	Hashtag/Trend	-
Gruppe	Gruppe	Gruppe	Community	-	-
Gruppen-moderator	Gruppen-manager	Verantwort-licher/Manager	-	-	Moderator
Foren-Über-schrift	-	-	-	-	Kategorie
Forum	-	-	-	-	Forum
Thema	Post	Diskussion	-	-	Thema
Beitrag	Posting	Beitrag	Beitrag/Posting	Tweet	Beitrag
Kommentieren	Kommentieren	Kommentieren	Kommentieren	Antworten	Kommentieren
Empfehlen	Teilen	Mitteilen	Teilen	Retweeten	Sharen
Interessant	Gefällt mir	Gefällt mir	„+1"	Favorisieren	-
Event	Veranstaltung	Event	Event	-	-
Gästeliste	-	RSVP	Teilnehmer	-	-
Unternehmens-profil	Seite	Unternehmens-profil	Seite	-	-
Umfrage	Frage	Antworten	-	-	-
Die nächsten Termine	-	-	-	-	Kalender
-	Fotos	-	Fotos	Twitpics	Album
Neuigkeiten abonnieren	Abonnement	Folgen	Den Kreisen hinzufügen/Circeln	Folgen	Abonnement
-	Spiele	App Center	Spiele	-	-
-	Chat	Chat	Hangout	-	-
-	App-Zentrum	App Center	-	-	-

Kapitel 5

Xing - das deutsche Business-Netzwerk

Den Anfang machen wir mit **Xing**. Von allen vorgestellten **Netzwerken** ist dieses am längsten auf dem deutschen Markt präsent und behauptet – trotz vergleichsweise niedriger **Nutzerzahlen** – konsequent seine Position. Hinter diesem **Erfolg** stecken einige echte **Alleinstellungsmerkmale**, die bisher von keinem anderen sozialen Netzwerk integriert wurden.

57

Über Xing

Mit mehr als zwölf Millionen Mitgliedern weltweit (Stand: September 2012) ist Xing eines der führenden sozialen Netzwerke für berufliche Kontakte. Das 2003 als „openBC" (Open Business Club) gegründete Unternehmen hat seinen Sitz in Hamburg und ist seit 2006 börsennotiert. Rund 500 Mitarbeiter arbeiten an der Plattform, die Berufstätigen aller Branchen das Suchen und Finden von Aufträgen, Jobs, Mitarbeitern, Kooperationspartnern, Fachinformationen und Geschäftsideen ermöglicht. Richtig lebendig wird Xing jedoch erst durch die Aktivität seiner Mitglieder: In über 50.000 Gruppen und auf mehr als 150.000 Events pro Jahr findet ein reger Austausch statt.

Anders als beispielsweise bei Facebook ist das Miteinander vor allem beruflich motiviert – ein Umstand, den Xing im Rahmen des umfassenden Relaunchs im Jahr 2011 zum Anlass genommen hat, seinen Slogan in „Das professionelle Netzwerk" zu ändern. Damit bringt das Unternehmen seine Kernkompetenz auf den Punkt: die Anbahnung und Vertiefung geschäftlich nutzbarer Beziehungen. Knapp 800.000 Xing-Mitglieder betreiben das derart professionell, dass sie eine kostenpflichtige Premium-Mitgliedschaft (ab 5,55 Euro/Monat) abgeschlossen haben, um die Plattform vollumfänglich nutzen zu können. Aber keine Sorge: Wer erst einmal nur reinschnuppern möchte, kann zunächst kostenlos dabei sein und sich vollkommen risikofrei einen ersten Überblick über Xing und seine Möglichkeiten verschaffen.

Gut zu wissen

WIE WIRD „XING" AUSGESPROCHEN?

Der ursprüngliche Name „openBC" wurde Ende 2006 aufgegeben, weil er aufgrund des enthaltenen Kürzels „BC" (für „vor Christus") für Verwirrung im englischen Sprachraum sorgte. „Xing" steht als Abkürzung für das englische „Crossing" (Kreuzung) und bedeutet auf Chinesisch „Es funktioniert". Im deutschsprachigen Raum hat sich – auch unter Xing-Mitarbeitern – die Aussprache „ksing" durchgesetzt.

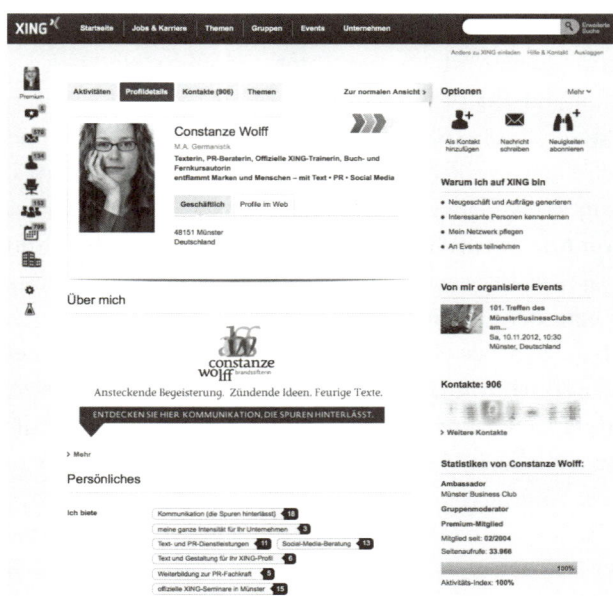

Alles auf einen Blick: Der Profilkopf bei Xing funktioniert wie eine Visitenkarte – und lässt sich mit der direkt darunter befindlichen „Über-mich-Seite" zu einer Art Mini-Webseite erweitern.

Funktionalität/Alleinstellungsmerkmal

Xing ist ein Personennetzwerk: Hier begegnen sich reale Menschen auf einer virtuellen Plattform (und manchmal auch auf Veranstaltungen, die über diese Plattform organisiert wurden). So ist es nur logisch, dass der Dreh- und Angelpunkt jeglicher Xing-Aktivitäten ein persönliches Profil ist. Darin präsentieren sich die Nutzer mit einem Foto, ihren beruflichen Kompetenzen, ihrem Lebenslauf, ihren Gesuchen und auch ihren privaten Hobbys. Im Idealfall kann sich so jeder Profilbesucher innerhalb kürzester Zeit einen authentischen Eindruck von der anderen Person machen. Deshalb gilt: So wie Sie sich für einen Geschäftstermin in Schale werfen, sollten Sie das selbstverständlich auch in Bezug auf Ihr Xing-Profil tun (wie das im Detail geht, erfahren Sie weiter unten im Abschnitt „Eigenwerbung und Informationstransfer").

Auf der Plattform fungiert Ihr persönliches Profil als Ihr Stellvertreter: Außerhalb des Internet sind Sie es persönlich, der neue Kontakte anbahnt und vertieft, bei Xing machen Sie das mithilfe Ihres Profils. Sie entscheiden dabei, wen Sie als Kontakt gewinnen wollen. Bei Xing wird eine andere Person dann in Ihr Netzwerk aufgenommen, wenn beide Seiten zugestimmt haben. Sobald das passiert ist, werden Sie auf Ihrer Xing-Startseite künftig über alle Neuigkeiten, die diese Person betreffen, informiert.

Doch Xing ist deutlich mehr als ein sich selbst aktualisierendes Online-Adressbuch oder eine Newsplattform für aktuelle Meldungen Ihrer Kontakte. Die komplette Vielfalt des Netzwerks offenbart sich durch einen Blick auf die waagerechte Menüleiste am oberen Seitenrand. Was dort im Einzelnen zu finden ist, erfahren Sie im Folgenden.

„Startseite"

Über einen Klick auf „Startseite" kommen Sie jederzeit zu der Stelle zurück, an der Ihnen sämtliche Neuigkeiten aus Ihrem Netzwerk angezeigt werden. Außerdem finden Sie hier in einem Untermenü alle Ihre Kontakte („Kontakte") und Ihre über Xing ausgetauschten persönlichen Nachrichten („Postfach") wieder.

Das wichtigste Alleinstellungsmerkmal verbirgt sich jedoch hinter dem Untermenüpunkt „Mitglieder finden": Hier können Sie in ganz Xing gezielt nach Branchen, Position, Interessen, Regionen und anderen Stichwörtern suchen, aber Ihre Suche auch auf Ihre direkten Kontakte oder die Kontakte dieser Kontakte einschränken.

Konkret heißt das: Wenn Sie beispielsweise einen Dienstleister, Kunden oder Kooperationspartner aus einer speziellen Branche oder mit einer speziellen Qualifikation suchen, können Sie unter den Kontakten Ihrer Kontakte suchen und den gemeinsamen Bekannten gegebenenfalls als Mittelsmann für die Kontaktanbahnung nutzen. Das Thema Kaltakquise gehört damit der Vergangenheit an.

KENNEN SIE DAS KLEINE-WELT-PHÄNOMEN?

Bei einer Businessveranstaltung sitzen Sie mit einer Freiberuflerin am Tisch, die seit Jahren im gleichen Gebäude arbeitet wie Sie – ohne dass Sie einander jemals persönlich begegnet sind. Der neue Squash-Partner Ihrer Frau stellt sich bei einem gemeinsamen Abendessen als ein guter Kunde Ihres Geschäftspartners heraus. Situationen dieser Art kennen wir alle und üblicherweise reagieren wir mit dem Ausruf „Die Welt ist klein" oder „Jeder kennt jeden um sechs Ecken". Dass das tatsächlich so ist, hat der US-amerikanische Psychologe Stanley Milgram bereits 1967 nachgewiesen und dafür den Begriff „Kleine-Welt-Phänomen" geprägt. Er fasst damit die Hypothese zusammen, dass jeder Mensch auf der Welt mit jedem anderen über eine überraschend kurze Kette von Bekanntschaftsbeziehungen verbunden ist. Diese Kette wird bei Xing sichtbar gemacht: Rechts unten auf Ihrer Startseite finden Sie unter „Ihr Netzwerk" Ihre aktuelle Zahl an direkten Kontakten sowie Kontakten zweiten und dritten Grades. Sämtliche Kontakte zweiten Grades sind mit Ihnen über nur einen gemeinsamen Bekannten verbunden – Sie können diese Personengruppe gezielt durchsuchen und einzelne Personen ansprechen.

„Jobs & Karriere"

Unter dem Menüpunkt „Jobs & Karriere" können Sie nach Jobs suchen oder offene Stellen ausschreiben. Aufgrund eines intelligenten Empfehlungssystems werden die Ausschreibungen gezielt bei geeigneten Kandidaten eingeblendet – so werden auch diejenigen erreicht, die nicht aktiv suchen und sich nicht über den klassischen Jobmarkt bewerben. Wer im Personalwesen tätig ist und mit den Standardfunktionen nicht auskommt, setzt bei der Suche nach geeignetem Personal auf den „Xing Talentmanager", der noch schneller zu passenden Kandidaten und wertvollen Kontakten führt. Zahlreiche Filterfunktionen ermöglichen eine noch gezieltere Suche auf der Plattform, jedem Kandidaten können Notizen und ein Status zugewiesen werden, von „interessant" bis „Absage erhalten". Diese Lösung ist nicht an eine Person, sondern an ein

Unternehmen gebunden. Verschiedene Nutzer greifen auf den gleichen Datenbestand zu, scheidet dann ein Mitarbeiter aus dem Team aus, bleiben sämtliche Daten dem Unternehmen erhalten. Bei Interesse finden Sie den Talentmanager im grünen Bereich ganz unten auf der Seite unter „Produkte & Angebote".

„Themen"

Der 2012 eingeführte Bereich „Themen" ermöglicht es jedem Xing-Mitglied, Beiträge zu frei wählbaren Themenbereichen zu veröffentlichen. Bereits eingestellte Beiträge können als interessant markiert oder kommentiert werden – so kommen (wie in einem Blog) äußerst lebendige und interessante Diskussionen zustande. Wer regelmäßig vom Expertenwissen zu bestimmten Themen profitieren möchte, kann diese abonnieren. So besteht über die Xing-Themen eine spannende Möglichkeit, die eigene Reputation aufzubauen oder zu stärken – auch ohne eigenes Blog.

„Gruppen"

Mehr als 50.000 Gruppen verbergen sich unter dem entsprechenden Menüpunkt. In diesen findet ein themenspezifischer oder regional orientierter Austausch statt, nahezu jeder erdenkliche Inhalt ist hier vertreten. Ob Sie fachlichen Rat oder einen Restaurant-Tipp benötigen, sich als Experte zu einem bestimmten Thema positionieren oder einfach Gleichgesinnte kennenlernen wollen: Hier sind Sie richtig.

„Events"

Wenn Sie das Online- mit dem Offline-Netzwerken verknüpfen wollen, werden Sie unter dem Menüpunkt „Events" fündig. Wie kein anderes soziales Netzwerk verknüpft Xing die Online-Kontaktanbahnung mit der Durchführung verschiedenster Veranstaltungen: Alle Xing-Nutzer und Gruppenmoderatoren haben die Möglichkeit, ihre Events über die Plattform abzuwickeln. Das ist vor allem für diejenigen nützlich, die ihre Kontakte zu einem Seminar oder einem Vortrag einladen oder bei einem Gruppen-Event spannende Kontakte anbahnen oder vertiefen wollen. Denn es gibt einen besonderen Clou: Über die Gästeliste können Sie bereits vorher sehen, wer an der Veranstaltung teilnehmen wird, und interessante Personen gezielt ansprechen. Ebenso hilfreich: Im Anschluss lassen sich spannende Gesprächspartner einfach in der Gästeliste wiederfinden und zu Xing-Kontakten machen.

„Unternehmen"

Obwohl Xing ein Personennetzwerk ist, können sich hier nicht nur Einzelpersonen, sondern ganze Unternehmen vor- und darstellen. Unter dem Menüpunkt „Unternehmen" finden Sie zahlreiche Unternehmensprofile, mit denen sich Firmen und ihre sämtlichen auf Xing vertretenen Mitarbeiter auf einen Schlag präsentieren – das schafft Vertrauen bei potenziellen Angestellten, eröffnet neue Vertriebskanäle und fördert eine langfristige Kundenbindung. Sämtliche Neuigkeiten lassen sich abonnieren, sodass Sie künftig keine aktuelle Meldung aus Unternehmen, die Sie interessieren, verpassen.

Im Gespräch

Vom Maschinenbauingenieur zum Profi-Netzwerker: **Peter Hirtler** ist Xing-Mitglied seit November 2006 und nutzt die Plattform nicht nur für seine eigene Arbeit, sondern vor allem im Kundenauftrag. Als freiberuflicher „Experte für den Akquise-Prozess von Wunschkunden" unterstützt er namhafte Firmen wie die Swisscom, TNT oder Markant, aber auch den SC Freiburg. Zudem profitieren viele kleine innovative Unternehmen sämtlicher Branchen von seiner Fähigkeit, das Netzwerk ziel- und zielgruppen-gerecht zu nutzen.

Warum ist Xing das richtige Netzwerk für Sie?
Ich habe mich 2006 bei mehreren Netzwerken gleichzeitig angemeldet und sehr schnell mein Faible für Xing entdeckt. Die Plattform entspricht einfach am ehesten meiner Form der Selbstdarstellung, der Umgang mit ihr fiel mir von Anfang an leicht. Außerdem habe ich hier schnell sehr viele Menschen gefunden, mit denen eine wechselseitige Beeinflussung entstanden ist – das Ganze ist sowohl effektiv als auch effizient. Xing ist das perfekte Vehikel für mich und ich sehe keinen Sinn darin, mehrere Autos gleichzeitig zu bewegen und zu unterhalten.

Wie nutzen Sie Xing und wie profitieren Sie im Alltagsgeschäft davon?
Ich nutze Xing genauso, wie ich im echten Leben bin: neugierig, offen und authen-tisch. Als überzeugter Netzwerker denke ich jederzeit für mein Netzwerk mit. Spannende Informationen oder interessante Kontakte gebe ich an potenzielle Interessenten weiter und rufe mich so immer wieder positiv bei meinen Kontakten in Erinnerung. Diese erhöhte Wahrnehmung halte ich für einen der größten Vor-teile von Xing: Nirgendwo sonst habe ich Tag für Tag die Gelegenheit, quasi einen „Vortrag" vor 20, 50 oder gar 100 Leuten zu halten und so an meiner Reputation zu arbeiten.

Das klingt nach viel Engagement. Wie viel Zeit investieren Sie im Schnitt dafür?
Eine Stunde am Tag sollte man für sein Netzwerk schon aufbringen – in dieser Zeit kann man ausreichend beobachten, Gutes tun und von sich reden machen. Das klingt erst mal nach viel Zeit, aber die Akquise-Alternativen – Messebesuche, Mailings etc. – kosten mindestens genauso viel Zeit und mehr Geld. Eines darf man ja nicht vergessen: Sich selbst zu verkaufen, seine Dienstleistung oder sein Produkt, ist eine Kernkompetenz jedes Unternehmens beziehungsweise jedes Selbstständigen. Und das will täglich getan werden.

Was ist Ihr größter Erfolg über Xing?
Das ist einfach: Ohne Xing würde ich vermutlich nach wie vor irgendwo als an-gestellter Ingenieur arbeiten. Letztlich habe ich mit der Plattform meine Existenz-

grundlage gefunden. Und jetzt feiere ich Tag für Tag Erfolge mit meinen Kunden, die dank Xing Zugang zu Top-Unternehmen oder -Kontakten ihrer jeweiligen Branche bekommen.

Sie selbst bezeichnen Ihr Geschäftsmodell als „Wunschkundengewinnung". Was sollen wir uns darunter vorstellen?
Ich nutze die ausgezeichneten Suchfunktionen und meine Kontakte bei Xing dafür, die Lieblings-Kunden, -Mitarbeiter, -Sponsoren oder Kooperationspartner für meine Kunden zu finden. Das ist interessant für alle, die selbst keine Zeit oder Lust auf diese Art der Akquise haben. Wichtig ist mir dabei die persönliche Ansprache: Ich setze lieber auf Klasse statt Masse – dazu muss ich mir natürlich vorher Gedanken über die jeweilige Zielgruppe und ihre Bedürfnisse machen. Nichts ist für mich spannender, als Menschen zu erreichen, die eigentlich nicht erreichbar sind.

Verraten Sie uns zum Abschluss noch Ihren ultimativen Xing-Tipp für Existenzgründer und Selbstständige?
Das sind gleich drei. Erstens: Es reicht nicht, mit einem schönen Profil einfach da zu sein – die Leute rennen einem dann nicht plötzlich die Bude ein. Man muss selbst dafür sorgen, dass etwas passiert, aktiv auf spannende Kontakte zugehen und am Ball bleiben. Zweitens: Mit Rabattaktionen oder Massen-Mails lockt man niemanden hinter dem Ofen hervor. Beim Networking gilt: Erst geben, dann nehmen – ich nenne das mein „virtuelles Lächeln". Und drittens: Es ist gar nicht nötig, Unmengen von Kontakten zu sammeln. Viel wichtiger ist es, seine Top-Kontakte zu kennen und diese zu hegen und zu pflegen. Mir gefällt es am besten, wenn man sich auf die Menschen konzentriert, mit denen man gerne zusammenarbeitet – dann macht das Netzwerken richtig Spaß.

●●

Kundengewinnung

Mehr als zwölf Millionen Menschen tummeln sich auf Xing, sie alle sind dort, um in irgendeiner Form Geschäfte zu machen. Die Wahrscheinlichkeit ist groß, dass Sie hier auch auf zahlreiche potenzielle Kunden treffen – doch wie finden Sie die? Das Instrument dafür befindet sich gleich rechts oben auf jeder einzelnen Xing-Seite. Der bei Weitem größte Teil der Xing-Nutzer verwendet für seine Suchen das weiße Feld mit der kleinen Lupe daneben. Wenn Sie den Namen der gesuchten Person kennen oder nach einem sehr individuellen Stichwort suchen, kommen Sie damit am schnellsten zum Ziel – für alle weiteren Recherchen empfiehlt es sich, die „Erweiterte Suche" direkt daneben zu nutzen. Wie Sie diese Funktion optimal einsetzen, zeigen wir Ihnen an zwei Beispielen aus der Praxis.

Grafikerin sucht Kunden in der Region

Nehmen wir einmal an, Sie sind Grafikerin und suchen Kunden in Ihrer Region. Nichts einfacher als das, werden Sie denken – und beim Ausfüllen des Feldes „Person sucht" ein erstes Mal stutzen. Was tragen Sie dort ein: „Grafiker" oder „Grafikdesign"? Was genau gibt Ihre Zielgruppe wohl in dieses Feld ein? Die Lösung ist einfach (und aus einigen Suchmaschinen bekannt): Geben Sie „Grafik*" ein, so erfassen Sie alle Ergebnisse mit diesem Wortanfang. Gleiches gilt für den Einzugsbereich: Wenn Sie im PLZ-Feld beispielsweise „48*" eingeben, werden Ihnen nur die Personen aus diesem regionalen Umfeld angezeigt.

Über solche Suchen erhalten Sie jedoch noch immer mehr als 150 Ergebnisse, darunter viele Wettbewerber, die das „Ich-suche"-Feld für Eigenwerbung missbrauchen. Mit einem einfachen Trick können Sie diese aussortieren: Suchen Sie nach Personen, die Grafik suchen, aber keine Grafik anbieten. Einzelne Suchbegriffe schließen Sie aus, indem Sie ein Minuszeichen vor das Wort setzen. Wenn Ihnen die so gewonnenen Ergebnisse noch immer zu wenig zielführend sind, hilft möglicherweise die Auswahl „Führungskraft" im „Status"-Feld. Damit finden Sie zahlreiche Entscheider, die ganz gezielt nach Grafik-Dienstleistungen suchen.

Sollte auch diese Kombination von Suchbegriffen noch immer zu viele Ergebnisse bringen, kann es durchaus eine spannende Option sein, den privaten Bereich mit einzubeziehen. Sie sind Fan eines bestimmten Fußballvereins oder pflegen ein ungewöhnliches Hobby? Dann geben Sie diese Information im Suchfeld „Interessen" ein. So finden Sie möglicherweise potenzielle Auftraggeber, mit denen Sie nicht nur einen beruflichen, sondern auch einen privaten Anknüpfungspunkt haben.

WIE SIE IHRE SUCHE VERFEINERN

Außer dem Sternchen und dem Minuszeichen stehen Ihnen weitere Möglichkeiten offen, um Ihre Suche zu spezifizieren. Verbinden Sie beispielsweise zwei Suchbegriffe mit einem „OR", finden Sie alle Personen, die entweder beide oder nur einen der beiden Begriffe in das jeweilige Feld eingetragen haben. Schließen Sie hingegen mehrere Begriffe in Anführungsstriche ein, wird nach der kompletten Wortgruppe gesucht.

Der direkte Weg zum Wunschkunden

Nehmen wir einmal an, Sie schwärmen für Apple und möchten unbedingt für dieses Unternehmen arbeiten – mit Xing ist die Kontaktaufnahme kein Problem: Nach der Eingabe von „Apple" im Suchfeld „Firma (jetzt)" werden mehr als 1.700 Personen angezeigt. Hier kommt nun eine der spannendsten Funktionen von Xing zum Einsatz: Unterhalb der erweiterten Suche können Sie auswählen, ob Sie die ganze Plattform, nur Ihre eigenen Kontakte oder die Kontakte Ihrer Kontakte durchsuchen wollen. So könnte sich beispielsweise herausstellen, dass Sie niemanden bei Apple direkt kennen, aber gleich 106 Apple-Mitarbeiter über nur eine einzige Mittelsperson mit Ihnen verbunden sind.

Dieser gemeinsame Kontakt kann Ihnen möglicherweise etwas über Ihren gewünschten Ansprechpartner erzählen oder Sie über einen bei Xing integrierten Button direkt an diese Person empfehlen. Wir alle wissen, um wie viel vertrauenswürdiger die Empfehlung eines Freundes oder Bekannten im Vergleich zu einem Cold Call ist!

SCHNELLERE ERGEBNISSE MIT SUCHAUFTRÄGEN

Wenn Sie mit ein bisschen Ausprobieren die Kombination von Suchkriterien gefunden haben, die zu einem erfolgversprechenden Ergebnis führt, haben Sie einen Vorteil. Sie müssen diese Suche nicht immer wieder neu ausführen und mühsam prüfen, ob Sie die so gefundenen Personen eventuell früher schon kontaktiert haben. Denn Xing bietet die Möglichkeit, einen Suchauftrag anzulegen: Klicken Sie hierzu am Ende einer erfolgreichen Suche auf den Button „Suchauftrag anlegen" oben rechts über der Ergebnisliste – künftig werden Sie jedes Mal per E-Mail informiert, wenn sich ein neues Xing-Mitglied anmeldet, das Ihren Suchkriterien entspricht.

Neben der gezielten Suche bietet Ihnen die Xing-Startseite (jederzeit über den gleichlautenden Menüpunkt erreichbar) zahlreiche Möglichkeiten der Kunden-Akquise. Von besonderem Interesse sind folgende Elemente.

„Neuigkeiten"

Auf der Startseite stehen alle Neuigkeiten aus Ihrem Netzwerk; sämtliche Meldungen Ihrer direkten Kontakte und abonnierten Unternehmensprofile sind hier zu finden. Außerdem werden die aktuellen Beiträge aus den Gruppen, in denen Sie Mitglied sind, angezeigt. Spannend für die Akquise sind vor allem die Meldungen Ihrer direkten Kontakte: Immer wieder finden sich Anknüpfungspunkte für gelebtes Networking. Getreu dem Motto „erst geben, dann nehmen" können Sie hier unter Umständen hilfreich aktiv werden oder in eine Diskussion einsteigen – und sich so immer wieder positiv in Erinnerung rufen. Ein Erfolg durch solche Aktivitäten wird sich nicht sofort, aber nach und nach einstellen.

„Die nächsten Termine"

Ähnliches gilt für „Die nächsten Termine", die auf der rechten Seite zu finden sind. Hier erhalten Sie Informationen, für die man früher Chefsekretärinnen umgarnen oder Handelsregistereinträge durchforsten musste. Zumindest einmal im Jahr ergibt sich so ein Anlass, sich bei spannenden Kontakten in Erinnerung zu rufen, denn es werden deren Geburtstage angezeigt.

„Besucher Ihres Profils"

Ganz besonders aufschlussreich ist es, zu sehen, wer Ihr Profil besucht hat (rechts oben auf der Startseite). Jedes eingeloggte Xing-Mitglied, das so viel Interesse an Ihnen oder Ihrem Angebot hat, dass es Ihr Profil anklickt, hinterlässt eine Spur. Nutzen Sie diese Neugier! Ein Gegenbesuch auf dem jeweiligen Profil zeigt schnell, ob es sich um eine für Sie interessante Person handelt – wenn ja, bietet sich ein perfekter Anlass, um ins Gespräch zu kommen.

Tipp

NUTZEN SIE DIE POWERSUCHEN

Wenn Sie in der Anzeige auf „Weitere Besucher" klicken, finden Sie ganz oben auf der Seite ein Pull-down-Menü, das zahlreiche voreingestellte Standardsuchen enthält. Hier können Sie sich beispielsweise alle Xing-Mitglieder anzeigen lassen, die suchen, was Sie bieten, oder nach ehemaligen Kollegen fahnden. Sie können sich auch die Mitglieder auflisten lassen, die eine Ihrer Webseiten angeklickt haben. Diese Personen sind noch einen Schritt weitergegangen als Ihre Profilbesucher und haben sich die Mühe gemacht, Ihre Webseite zu besuchen. Hier können Sie echtes Interesse an Ihrem Angebot voraussetzen – fragen Sie also nach, was das Interesse geweckt hat und/oder was Sie für den Betreffenden tun können.

Last but not least wecken Sie das Interesse potenzieller Kunden selbstverständlich mit einem aussagekräftigen Profil, über das Sie anhand der für Sie relevanten Schlüsselbegriffe gefunden werden und das Sie als Experte in Ihrer Branche präsentiert. Wie ein solches Profil aussehen sollte, erfahren Sie im Folgenden.

Kapitel 5: Xing – das deutsche Business-Netzwerk

Eigenwerbung und Informationstransfer

Sie sind gut in dem, was Sie tun, und Sie wollen als seriös und kompetent wahrgenommen werden. So ist es nur konsequent, dass Sie sich im Kundenkontakt branchenangepasst kleiden, sprachlich nicht über die Stränge schlagen und Wert auf ein gepflegtes Erscheinungsbild legen. Das Gleiche gilt auch für Ihren Auftritt in sozialen Netzwerken: Je besser Sie Ihre Vorzüge ins rechte Licht rücken, desto höher ist die Erfolgswahrscheinlichkeit.

Doch was genau bedeutet für Sie Erfolg? Als Grafikdesignerin wollen Sie möglicherweise mittelständische Unternehmen von Ihrer Arbeit überzeugen, als Trainer Teilnehmer für ein offenes Seminar gewinnen oder als Referent für einen Fachvortrag gebucht werden. Die Vorhaben können ganz unterschiedlich sein. Deshalb gilt: Wenn Sie Ihr Profil gestalten und Ihr Vorgehen auf Xing planen, muss Ihnen klar sein, welches Bild von sich selbst Sie nach außen tragen wollen. Überlegen Sie sich genau, was Sie erreichen wollen, und machen Sie diese Überlegungen zum Maßstab für all Ihre Aktivitäten auf Xing.

Ihr Profil bei Xing

Das Erste, was jeder Interessent oder Neukontakt von Ihnen bei Xing zu sehen bekommt, sind Ihr Profilfoto, Ihr Name und Ihr Firmenname. Wenn Sie als seriös und kompetent wahrgenommen werden wollen, sind daher zwei Dinge zu beachten:

1. Entscheiden Sie sich für ein professionell aufgenommenes Porträtfoto, das einen sympathischen und kompetenten Eindruck vermittelt. Ein Firmenlogo im Hintergrund ist erlaubt, Ihr Gesicht muss aber eindeutig im Mittelpunkt stehen. Ohnehin empfiehlt es sich, sehr nah an das Gesicht heranzugehen, da sonst in der Miniaturansicht nicht mehr viel von Ihnen zu erkennen ist.

2. Wenn Sie Einzelunternehmerin sind und als Firmennamen lediglich Ihren Namen eingeben, weiß niemand auf Anhieb, was Sie beruflich tun. Nutzen Sie dieses Feld also für einen Slogan, der auf den ersten Blick zeigt, was

Sie mit Ihrem Unternehmen anzubieten haben. Beispiele: „Coaching für Hochbegabte" oder „Ihre Begleiterin auf dem Weg zur Selbstständigkeit in Heil- oder Pflegeberufen".

Wenn Ihr Slogan und Ihr Foto das Interesse eines anderen Xing-Nutzers geweckt haben, wird dieser als Nächstes auf Ihr Profil klicken. Ob er es sich genauer ansieht und dann auch Kontakt zu Ihnen aufnimmt, hängt maßgeblich von dessen Gestaltung ab.

→ Im Feld „Ich biete" bringen Sie Ihr Angebot kurz und kurzweilig auf den Punkt. Sie müssen nicht sämtliche relevanten Schlüsselbegriffe unterbringen, nach denen ein potenzieller Interessent suchen könnte, denn die von den meisten Xing-Nutzern verwendete Stichwortsuche bezieht Ihr Profil im Volltext ein. Aussagekräftige Suchbegriffe lassen sich daher auch an anderer Stelle in Ihrem Profil unterbringen. Besonders gut geeignet ist dafür die „Über-mich-Seite".

→ Diese befindet sich direkt unterhalb des Profilkopfs und ist damit der perfekte Platz, um sich als Experte zu präsentieren. Anders als überall sonst in Ihrem Xing-Profil können Sie hier Ihrer Kreativität freien Lauf lassen: Mithilfe eines Editors lassen sich Bilder und Links einfügen sowie unterschiedliche Farben und Schriftgrößen einsetzen. Dieses Element Ihres Xing-Profils können Sie so zu einer Art Mini-Webseite machen – gerade für Existenzgründer mit kleinem Budget eine sinnvolle Option.

→ Ein auf Ihre Branche und Ihre jeweilige Zielgruppe zugespitzter beruflicher Lebenslauf (inklusive Ausbildung und Zusatzqualifikationen) macht klar, dass Sie Ihr Metier von der Pike auf gelernt haben.

→ Mit der Mitgliedschaft in branchenrelevanten Organisationen zeigen Sie, dass Sie auch außerhalb von Xing in der jeweiligen Branche aktiv und vernetzt sind.

→ Sie wurden für Ihre beruflichen Leistungen ausgezeichnet? Herzlichen Glückwunsch! Selbstverständlich gehören diese Auszeichnungen unter den entsprechenden Punkt in Ihrem Experten-Profil.

→ Bitten Sie ehemalige Arbeitgeber und zufriedene Kunden oder Kooperationspartner um eine Referenz bei Xing – besser lässt sich die Qualität Ihrer Arbeit nicht dokumentieren.

→ Sie können bis zu drei Dateien mit einer Größe von maximal zwei Megabyte bei Xing hochladen und zum Download bereitstellen – zum Beispiel Ihr Beraterprofil oder ausgewählte Arbeitsproben.

Als Experte auftreten

Indem Sie sich regelmäßig in branchenrelevanten Gruppen an Fachdiskussionen beteiligen, machen Sie sich bekannt und werden als Experte erkennbar. Führen Sie sich dabei vor Augen, dass Sie mit Diskussionen in Gruppen Ihrer Branche vermutlich vor allem Wettbewerber erreichen. Überlegen Sie sich also auch hier, wen Sie ansprechen wollen und wo Sie diese Zielgruppe finden, bevor Sie aktiv werden.

Berücksichtigen Sie bei Ihrer Suche nicht nur die Gruppen an sich, sondern auch einzelne Beiträge. So verpassen Sie keine Diskussion zu Ihrem Spezialthema, mischen an verschiedensten Stellen mit und lenken die Aufmerksamkeit auf Ihr Experten-Profil. Wenn Sie eine vorher festgelegte Gruppe von Fachbegriffen in regelmäßigen Abständen über die Beitragssuche prüfen, entgeht Ihnen keine Gelegenheit, andere an Ihrem Expertenwissen teilhaben zu lassen.

Sie können sich auch als Experte positionieren, indem Sie regelmäßig Beiträge über den Menüpunkt „Themen" veröffentlichen: Wenn Sie mit Ihren Inhalten auf Interesse stoßen, werden Sie nach und nach Abonnenten gewinnen und sich auch außerhalb Ihres Kontaktnetzwerks einen Expertenstatus erarbeiten. Dafür müssen Ihre Leser nicht einmal mit dem Menüpunkt „Themen" vertraut sein: Sobald Sie sich darüber als Autor betätigen, wird Ihrem Profil automatisch ein neuer Reiter „Themen" hinzugefügt. Darunter finden Profilbesucher dann alle Ihre bisherigen Beiträge. Charmanter Nebeneffekt des Ganzen: Dieser Bereich von Xing ist auch für Suchmaschinen einsehbar, sodass Sie mit Ihren Beiträgen ganz nebenbei auch etwas für Ihr Suchmaschinenranking tun.

Last but not least besteht die Möglichkeit, sich als Moderator einer eigenen Gruppe bei Xing zu engagieren – so bauen Sie ein individuelles Netzwerk rund um Ihr Spezialthema auf und erhöhen die Präsenz bei Ihrer Zielgruppe.

Das ist aber nur sinnvoll, wenn es noch keine Gruppe wie Ihre gibt und Sie bereit sind, einen nicht unerheblichen Aufwand an Zeit und Energie aufzubringen.

Kompetenz im bestehenden Netzwerk zeigen

Die bisherigen Ausführungen haben sich allesamt darauf bezogen, wie Sie Ihren Expertenstatus gegenüber unbekannten Xing-Nutzern darstellen können. Selbstverständlich wartet die Plattform auch mit Möglichkeiten auf, von bereits bestehenden Kontakten als kompetent wahrgenommen zu werden.

Die Statusmeldung

Direkt unter Ihren Kontaktdaten im Kopf Ihres Xing-Profils finden Sie ein leeres Feld, in dem die Frage „Was möchten Sie Profilbesuchern mitteilen?" steht. Hierüber können Sie Aktuelles melden und wichtige Informationen verbreiten oder auf sich oder Ihr Angebot hinweisen. Ihnen stehen dafür 420 Zeichen zur Verfügung. Was Sie eintragen, wird all Ihren Kontakten in den Neuigkeiten auf ihrer jeweiligen Startseite angezeigt. Außerdem bleibt diese Meldung, für sämtliche Besucher sichtbar, auf Ihrem Profil stehen – anders als die nur einmalig versendete Statusmeldung auf Ihrer Xing-Startseite. Wenn Sie sich nur an Ihre Kontakte wenden, können Sie zwischen einer einfachen Mitteilung, einem Link (der dann mit Vorschau angezeigt wird), einem Jobangebot und einer Umfrage wählen.

Branchenkontakte

Wenn Sie die entsprechende Funktion in Ihrem Profil freigeschaltet haben (das ist über die Einstellungen zur Privatsphäre hinter dem kleinen Rädchen links unten in der senkrechten Xing-Leiste möglich), erhalten Ihre direkten Kontakte jedes Mal eine Meldung, wenn Sie einen neuen Kontakt hinzufügen. Sollten diese Neukontakte immer wieder aus einer bestimmten Branche stammen, fällt das auf – was sich positiv auf Ihr Image auswirkt.

Umfragen

Wann immer Sie an einer Umfrage teilnehmen, erfahren Ihre Kontakte über die Neuigkeiten auf ihrer Startseite davon – eine weitere Möglichkeit, Fachkompetenz unter Beweis zu stellen. Wenn Sie wissen wollen, ob einer Ihrer Kontakte gerade eine Umfrage durchführt, klicken Sie einfach auf den kleinen Pfeil oben rechts neben „Alle Einträge" auf Ihrer Startseite. Wenn Sie dort den Filter „Umfragen" auswählen, werden Ihnen nur noch diese angezeigt.

Recherche

Selbstverständlich geht es auch in die andere Richtung: Xing ist nicht nur ein Medium, in das Sie Ihre Informationen hineingeben können, sondern auch ein hervorragendes Werkzeug für die Informationsbeschaffung. Millionen von Experten stehen Ihnen als Quelle zur Verfügung, viele davon sind offen für eine direkte Ansprache.

Die richtigen Gruppen finden

In den Gruppen auf Xing werden Informationen am freizügigsten ausgetauscht, es gibt mehr als 50.000 davon. In einigen kommen Menschen zusammen, die in derselben Branche arbeiten und den fachlichen Austausch suchen, in anderen treffen sich Leute, die in derselben Region leben oder ein gemeinsames Hobby haben. Wildes Stöbern wird Sie hier nicht weiterbringen: Es empfiehlt sich, vorab die eigenen Ziele und Interessen zu definieren, um die für Sie relevanten Gruppen zu finden. Unter „Gruppen", „Gruppen finden" können Sie beispielsweise Ihre Zielregion oder ein Thema eingeben und schon werden Ihnen zahlreiche Gruppen zum Suchbegriff angezeigt. Klicken Sie auf eines der Ergebnisse, finden Sie bereits auf der Gruppenstartseite zahlreiche Informationen. So lässt sich leicht feststellen, ob diese Gruppe interessant für Sie sein könnte. Auch die Anzahl der Mitglieder und Beiträge sowie die angebotenen Foren zeigen schnell, ob der Klick auf „Jetzt Mitglied werden" sich lohnt.

Wenn Ihnen die klassische Gruppensuche nicht weiterhilft, gibt es weitere Möglichkeiten, spannende Gruppen auf Xing zu entdecken: Wechseln Sie bei der Suche von „Gruppen" auf „Beiträge" und erfahren Sie so, in welchen Gruppen die für Sie relevanten Themen diskutiert werden. In der rechten Spalte werden Ihnen möglicherweise thematisch interessante Gruppen vorgeschlagen und solche, in denen Ihre Kontakte Mitglied sind. Die Profile Ihrer Kontakte sowie von Kunden, Kooperationspartnern und Konkurrenten sind ebenfalls eine gute Recherchequelle. Sofern diese Angabe nicht von der betreffenden Person deaktiviert wurde, sehen Sie bei jedem Xing-Mitglied, welche Gruppen es gewählt hat.

Verhalten in der Gruppe

Sind Sie Mitglied in einer Gruppe geworden, empfiehlt es sich, zunächst zurückhaltend zu bleiben und sich die Gepflogenheiten dort anzusehen. Wenn Sie sich ein wenig eingewöhnt haben, können Sie mit einer Selbstvorstellung einsteigen, um dann nach und nach den Austausch auszubauen. Sie werden erstaunt sein, wie lebendig es in manchen Gruppen zugeht. Folgende Tipps erleichtern Ihnen die Teilnahme:

→ Schreiben Sie nicht einfach drauflos, wenn Sie ein Anliegen haben, vielleicht hat ein anderer genau die gleiche Frage schon einmal gestellt. Über die Suchfunktion im rechten Teil der Gruppenstartseite können Sie prüfen, ob es möglicherweise schon eine passende Antwort gibt.

→ Eine pfiffige und aussagekräftige Überschrift erhöht die Wahrscheinlichkeit, dass Ihr Beitrag angeklickt wird. Sowohl in der Forenansicht als auch bei den Neuigkeiten, die an Ihr Netzwerk versendet werden, lesen die Nutzer zunächst nur die Headline. Wecken Sie damit also Neugier, bringen Sie aber auch Ihr Anliegen auf den Punkt.

→ Wenn Sie feststellen, dass die Diskussionen in einem bestimmten Forum relevant für Sie sind, können Sie sich darüber via E-Mail auf dem Laufenden halten lassen. Dazu müssen Sie nicht immer wieder die Gruppenseite besuchen, sondern klicken einfach oben rechts im jeweiligen Forum auf

„Forenbeiträge abonnieren". So behalten Sie den Überblick, auch wenn Sie in vielen Gruppen Mitglied sind und in jeder Gruppe nur die Beiträge in einem bestimmten Forum mitlesen wollen.

Umfragen durchführen

Auch die weiter oben erwähnten Umfragen sind eine gute Möglichkeit, an relevante Informationen zu kommen. Wollen Sie Xing-Mitglieder zu einem Thema befragen, genügt ein Klick auf „Umfrage" oberhalb der Statusmeldung auf Ihrer Xing-Startseite: Dadurch öffnet sich ein Formularfeld, in das Sie sämtliche Angaben zu der von Ihnen initiierten Umfrage eingeben können – von der Fragestellung über die verschiedenen Antworten bis hin zur Dauer der Umfrage. Sie legen außerdem fest, ob sich die Umfrage nur an Ihre Kontakte richtet oder ob sie auch weiterempfohlen werden kann. Selbstverständlich ersetzen solche Aktionen keine statistischen Untersuchungen, können aber sehr hilfreich sein, um einen schnellen Eindruck zu gewinnen.

„Themen" nutzen

Vertieftes Fachwissen erhalten Sie über den Menüpunkt „Themen": Hier tauschen sich Experten über selbst gewählte Inhalte aus. Unter „Themen A–Z" verschaffen Sie sich einen Überblick über die bisher angerissenen Diskussionen, unter „Beliebte Themen" finden Sie die am häufigsten abonnierten Bereiche. Abonnieren Sie die für Sie relevanten Themengebiete, damit Sie künftig keine Neuigkeit aus diesem Bereich verpassen.

Anbahnung neuer Kontakte

Im Abschnitt „Kundengewinnung" haben Sie bereits einiges über die Suche nach Einzelpersonen bei Xing erfahren, die erweiterte Suche ermöglicht es, hier punktgenau zum Ziel zu kommen. Mit dem Xing-Talentmanager stehen noch mehr Suchmöglichkeiten zur Verfügung – dieses Werkzeug ist allerdings vor allem für Personalverantwortliche und Headhunter interessant. Und es gibt noch weitere Wege, fündig zu werden – innerhalb und außerhalb des eigenen Kontaktnetzwerks.

„Ich suche" richtig nutzen

Am einfachsten lassen sich passende Kontakte über das genau dafür bestimmte Feld „Ich suche" finden. Viele Xing-Mitglieder unterschätzen die Wirkung dieses Profilbestandteils und vergeuden es für eine schlichte Umkehrung von „Ich biete". (Beispiel: Ein Führungskräftecoach, der Führungskräfte sucht, die sich für Coaching interessieren.) Dabei können Sie hier hervorragend all die Dinge benennen, die Sie tatsächlich suchen – vom antiken Blechspielzeug über eine neue Wohnung oder einen Vortragsraum bis hin zu Kooperationspartnern oder freien Mitarbeitern. Jede Änderung in diesem Feld wird all Ihren Kontakten über die Neuigkeiten auf deren Startseite mitgeteilt – manch einer bringt sich dann gerne aktiv ein und hilft mit Tipps und Empfehlungen weiter.

Kontakte kategorisieren

Auch Ihr Xing-internes Adressbuch kann eine echte Fundgrube für den Aufbau spannender Verbindungen sein – wichtig ist allerdings, dass Sie früh genug eine Struktur hineinbringen. Ab einer gewissen Größe wird ein Netzwerk unter Umständen unübersichtlich, dann kann es passieren, dass Sie bei einzelnen Personen nicht mehr wissen, woher Sie sie kennen oder warum Sie sie als Kontakt hinzugefügt haben. Damit verschenken Sie einen Teil des Potenzials, das in Ihrem Adressbuch steckt. Um dies zu verhindern, empfiehlt es sich, Notizen zu den einzelnen Kontakten hinzuzufügen oder die Kontakte in Kategorien zu unterteilen. Das können Sie entweder direkt bei der Kontaktaufnahme oder später über „Startseite", „Kontakte" tun. Wenn Sie dabei sorgfältig vorgehen, können Sie bei Bedarf beispielsweise sämtliche potenziellen

Kunden, ehemaligen Kollegen oder Seminarinteressenten auf einen Schlag wiederfinden. Außerdem können Sie Ihre Kontakte nach Kategorien selektiert exportieren, etwa um einen E-Mail-Verteiler für einen bestimmten Adressatenkreis zu erstellen oder eine Gruppe von Kontakten zu über Xing organisierten Events einzuladen.

Suche nach Mitarbeitern

Xing wird darüber hinaus häufig für die Suche nach geeigneten Mitarbeitern genutzt; es gibt mehrere Möglichkeiten, eine Jobanzeige zu schalten. Das Besondere: Sie erreichen über Xing auch Personen, die nicht aktiv auf Stellensuche sind. Anhand eines intelligenten Abgleichs wird Ihre Ausschreibung mit den Profilen von über zwölf Millionen Fach- und Führungskräften abgeglichen und passenden Personen auf deren Xing-Startseite angezeigt. Selbstverständlich wird Ihre Stellenanzeige auch von aktiv suchenden Mitgliedern gefunden oder diesen per E-Mail zugesendet, wenn sie einen entsprechenden Suchauftrag angelegt haben.

Je nach Budget können Sie unter „Jobs & Karriere" wählen, welche Art von Anzeige Sie schalten wollen – von der „Stellenanzeige TEXT", die pro Klick bezahlt wird, bis zur individuell gestalteten Lösung zum Festpreis. Komplett kostenfrei ist die Variante, über die Statusmeldung auf Ihrer Xing-Startseite ein Stellenangebot zu schalten – damit erreichen Sie jedoch nur Ihre direkten Kontakte.

Tipp

DIE FREELANCER-PROJEKTBÖRSE

In den Xing Beta Labs (unter www.xing.com/betalabs) können Sie neue Funktionen ausprobieren, bevor sie für sämtliche Xing-Nutzer freigeschaltet sind. Hier befindet sich zum Zeitpunkt der Drucklegung auch noch die „Freelancer-Projektbörse" (später wird sie unter dem Menüpunkt „Jobs & Karriere" zu finden sein). Dabei handelt es sich um einen Treffpunkt für Freelancer, also freie Mitarbeiter, und deren Auftraggeber; kostenlos können Ausschreibungen eingestellt und gesucht werden. Dies ist der richtige Ort für Sie, falls Sie nicht auf der Suche nach einem Festangestellten sind, sondern kurzfristig Unterstützung benötigen.

Bezahlte Reichweite

Auf Xing gibt es über die zahlreichen Standard-Nutzungsmöglichkeiten hinaus eine weitere Möglichkeit, wie Sie Ihre Zielgruppe(n) ansprechen können: Sie zahlen dafür, dass Sie über die gezielte Platzierung von Werbung Millionen von Fach- und Führungskräften erreichen – bei minimalen Streuverlusten. Unter anderem stehen dazu folgende Möglichkeiten zur Verfügung:

→ 90 Prozent aller Xing-Mitglieder in Deutschland, Österreich und der Schweiz erhalten den wöchentlichen Newsletter. Die Öffnungsrate von 20 Prozent – das bedeutet, dass jeder fünfte Empfänger den Newsletter auch öffnet – beweist seine hohe Relevanz für die Empfänger. Das hat sicher auch damit zu tun, dass Basis-Mitglieder nur hierüber erfahren, wer zuletzt ihr Profil besucht hat. Xing stellt seinen Nutzern hier eine Fläche im Format 350 x 170 Pixel für die Eigenpräsentation zur Verfügung.

→ Grundsätzlich erscheint pro Xing-Seite nur eine einzige Werbeeinblendung – die ungeteilte Aufmerksamkeit Ihrer Zielgruppe ist Ihnen also garantiert, wenn Sie diese Option nutzen. Neben normalen Banneranzeigen sind zahlreiche Sonderwerbeformen möglich. Informieren können Sie sich dazu unter dem Menüpunkt „Werben" im grünen Bereich unten auf den Xing-Seiten.

Gut zu wissen

TARGETING BEI XING

Damit Sie tatsächlich Ihre spezielle Zielgruppe erreichen, bietet Xing bei sämtlichen Werbemaßnahmen zahlreiche Möglichkeiten des Targeting, der Zielgruppenansprache. So wird Ihre Anzeige nur einem speziellen Personenkreis angezeigt, unter anderem ist eine Vorauswahl nach Geschlecht, Alter, Land/Region, Job-Level und Branche möglich.

Wer für seine potenziellen Kunden ein besonderes Angebot hat, kann dieses über Xing verbreiten, indem er Partner bei den Xing-Vorteilsangeboten wird. Die Bedingungen hierfür sind unter „Unternehmen/Vorteilsangebote" und dort auf der rechten Seite unter „Vorteilsangebot vorschlagen" nachzulesen. Xing-Mitglieder finden diese Produkte und Dienstleistungen dann unter „Unternehmen", „Vorteilsangebote" oder als „Vorteilsangebot der Woche" (inklusive Link zu allen anderen Angeboten) auf der Xing-Startseite.

Wer seine Zielgruppe auch erreichen will, wenn sie unterwegs ist, dem steht die Nutzung der Xing-App offen. Unter dem Menüpunkt „Unterwegs" können Unternehmen ihre speziellen mobilen Angebote für die Xing-Nutzer platzieren. Ausführliche Informationen hierzu erhalten Sie über die Xing-Mediadaten, die Sie unter dem Menüpunkt „Werben" herunterladen können.

Kapitel 6

Facebook - das größte Netzwerk der Welt

Mit mehr als einer Milliarde Mitgliedern ist **Facebook** das größte soziale Netzwerk der Welt – wer sich mit Social Media beschäftigt, kommt kaum noch daran vorbei. Aufgrund seiner starken **Öffnung** nach außen (über Schnittstellen zu Drittanbietern) lassen sich hier hervorragend **Inhalte** aus vielen unterschiedlichen Quellen einbinden, wodurch Facebook mehr und mehr zu einer Art „**Meta-Netzwerk**" wird. Seit jeher ist es auf starke **Vernetzung** ausgelegt: Menschen werden mit Menschen, Menschen mit Informationen, Informationen mit Menschen verbunden.

Über Facebook

Das Jahr 2012 war ein bedeutendes Jahr für Facebook: Zum einen stand der Börsengang sehr stark im Fokus der Berichterstattung, zum anderen wurde die Zahl von einer Milliarde Mitgliedern erreicht (das ist ungefähr zwölfmal die Einwohnerzahl der Bundesrepublik Deutschland; oder dreimal die der USA; oder zweimal die von Europa).

Angefangen hat die rasante Erfolgsgeschichte im Oktober 2003: In seinem Studentenzimmer an der Harvard-Universität entwickelte Mark Zuckerberg ein lokales Netzwerk für Studierende. Aufgrund des riesigen Erfolgs integrierte er nach und nach andere Universitäten, bis Facebook schließlich für alle Interessierten geöffnet wurde. In der Folgezeit wuchs die Plattform rasant – auch weil Zuckerberg schon früh auf Synergien setzte. Durch die Kooperation mit dem Spielehersteller Zynga und dessen sozial vernetztes Spiel „Farmville" zog er beispielsweise viele Mitglieder an, die sich sonst sehr schwer mit dem Zugang zu einem sozialen Netzwerk getan hätten.

Ein weiterer Meilenstein in der Geschichte – und damit wurde dieser neue Kommunikationskanal endgültig akzeptiert – war die Rolle von Facebook beim „Arabischen Frühling". Die bei Facebook vorhandenen Strukturen ermöglichten es den von ihrer Regierung enttäuschten Menschen, ihren Protest schnell und flexibel zu organisieren und erste Schritte in Richtung Demokratie zu unternehmen.

Hierzulande steht Facebook immer wieder in der Kritik: Ein allzu offener Umgang mit den Themen Datenschutz und Privatsphäre hat das Netzwerk in den Fokus deutscher Datenschützer geraten lassen. Dennoch wird das Angebot von Facebook von den Nutzern begeistert angenommen: In jeder Sekunde werden zahllose Statusmeldungen, Urlaubsfotos, Musikvideos, Spieleanfragen, Umfragen und vieles mehr abgesetzt. Deshalb ist Facebook besonders für diejenigen geeignet, deren Zielgruppe aus privaten Nutzern besteht: Hier erreichen sie die Menschen in einem eher von Freizeitthemen geprägten Umfeld, interessante Meldungen werden schnell und gerne an Freunde weitergegeben.

Wer Geschäftskunden als Zielgruppe hat, kann ebenfalls von Facebook profitieren, auch wenn man hier nicht – wie beispielsweise bei Xing oder LinkedIn – von einem Business-Netzwerk sprechen würde. Für die Kommunikation zwischen Unternehmen und Kunden ist Facebook inzwischen sogar unersetzlich geworden. Anders als bei Xing ist diese Kommunikation nicht vorrangig personengebunden, sondern wird klar mit einem Unternehmensabsender betrieben. (Der Einfachheit halber verwenden wir den Begriff „Unternehmen", damit sind auch Künstler, Organisationen, Marken, Verbände, spezielle Teilbereiche von Unternehmen oder andere publikumswirksame Absender gemeint.)

Als Gründer oder Freiberufler kann man auf zwei Arten bei Facebook präsent sein: über ein Personenprofil und als Betreiber einer Facebook-Seite (auch Fanpage), die über das Gründungsvorhaben oder ein bereits gegründetes Unternehmen informieren soll. Diese beiden Varianten erlauben unterschiedliche Arten der Kommunikation, Näheres dazu folgt.

Beispiele

PERSONENPROFILE UND FACEBOOK-SEITEN

Am besten verschaffen Sie sich selbst einen Eindruck davon, wie die beiden verschiedenen Präsentationsmöglichkeiten bei Facebook aussehen. Die Personenprofile der beiden Autoren finden Sie hier:

www.facebook.com/roland.panter
www.facebook.com/Constanze.Wolff
Typische Fanpages hingegen sehen so aus:
www.facebook.com/teilchenundbeschleuniger
www.facebook.com/cocacola

Machen Sie sich vorab intensiv Gedanken darüber, welche Ziele Sie mit Ihrem Engagement bei Facebook verfolgen. Diese unterscheiden sich zum Teil von denen in den reinen Business-Netzwerken, da der Binnenaustausch innerhalb der Branchen hier eher zweitrangig ist. Vielmehr stehen die Verbindungen von Unternehmen zu Kunden, Kunden zu Kunden, Kunden zu Unternehmen und verschiedene Interessen, die von Arbeitgebern und Arbeitssuchenden ausgehen, im Vordergrund.

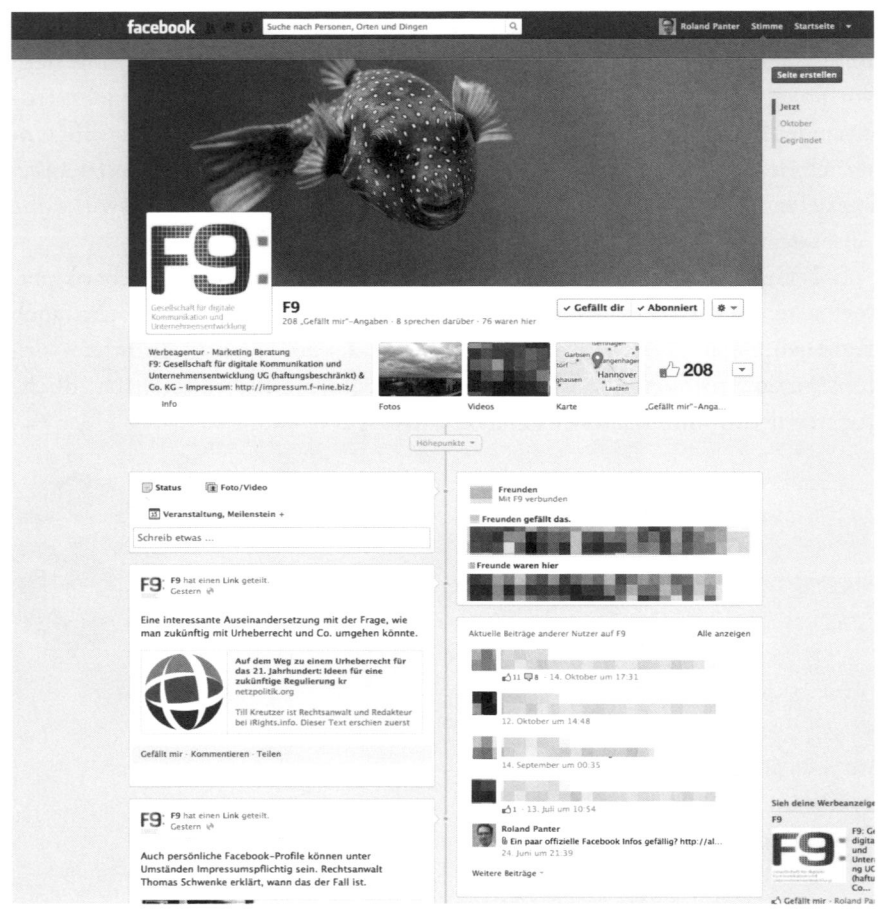

F9, das Unternehmen von Roland Panter, nutzt Facebook, um immer wieder interessante Nachrichten aufzugreifen und diese an Kunden und Freunde zu kommunizieren.

Funktionalität/Alleinstellungsmerkmal

Genau wie bei Xing begegnen sich bei Facebook Menschen, die sich miteinander vernetzen wollen, um über alle Neuigkeiten bei den mit ihnen vernetzten Personen informiert zu werden. Dazu werden sie „Facebook-Freunde".

Mit Seiten kann man sich nicht „befreunden", hier ist es aber möglich, „Fan" zu werden, um immer auf dem Laufenden gehalten zu werden. Dazu genügt ein Klick auf die „Gefällt-mir"-Schaltfläche der entsprechenden Facebook-Seite und ab sofort hat man die Beiträge dieser Seite abonniert. Sie werden in der eigenen Nachrichtenübersicht (der sogenannten Timeline) auf der Facebook-Startseite aufgelistet.

Facebook ermöglicht auf diese Art und Weise einen Informationstransfer von Unternehmen zu Menschen, ohne dass das Unternehmen gleichzeitig Informationen von der anderen Seite erhält. Anders beschrieben: Befreundete Personenprofile stehen miteinander im Dialog und liefern sich gegenseitig Informationen; Facebook-Seiten können dagegen nur Informationen in Richtung ihrer Fans fließen lassen. Dialog entsteht erst, wenn ein Empfänger reagiert, beispielsweise über „Gefällt mir" oder mit einem Kommentar unter dem Beitrag.

Im Gespräch

Mit ihrer Facebook-Seite „wohlgeraten" weckt **Charis Stank** das Fernweh in die Alpen und präsentiert dabei aufmerksamkeitsstark die stilvollen Produkte aus ihrem Online-Shop. Mit Erfolg: Im vergangenen Jahr nominierte das Branchenblatt „T3N" das junge Unternehmen für einen Web-Award – immerhin neben Branchengiganten wie Amazon oder Zalando, die unglaublich viel Geld in Werbung investieren können.

Frau Stank, obwohl es sich bei wohlgeraten.de um ein junges Unternehmen handelt, das vermutlich nicht mit Werbemillionen um sich werfen kann, stolpert man immer wieder bei Facebook darüber. Wie haben Sie hier eine so starke Präsenz aufbauen können?
Richtig, wohlgeraten.de ist vergleichsweise jung und verfügt über keinen hohen Werbe-Etat. Facebook hat daher für mich eine Schlüsselposition in der Entwick-

Kapitel 6: Facebook – das größte Netzwerk der Welt

lung des Unternehmens. 2008 meldete ich mich neugierig auf der damals vergleichsweise mäßig frequentierten Plattform an. Frühzeitig da, war es einfach, mich mit den Funktionen vertraut zu machen und nach und nach ein taugliches Netzwerk aufzubauen. Auf den rein privaten Account folgte die Fanpage von wohlgeraten.de, die ich beständig pflege. Über private Kontakte schuf ich den Grundstock für eine Fangemeinde und diesen habe ich im Lauf der Zeit schrittweise ausgebaut.

Im vergangenen Jahr gab es ein sehr schönes Gewinnspiel mit zahlreichen Bildern der Beteiligten, was regen Zulauf brachte. Aus heutiger Sicht riskant, denn damals wusste ich nicht, dass es verboten ist, sich Bilder zu diesem Zweck posten zu lassen. Die Beteiligten hatten damals jedenfalls viel Spaß. Heute bin ich vorsichtiger, um Abmahnungen und unnötigen Ärger zu vermeiden. Die Präsenz von wohlgeraten.de wächst langsam, die Fanzahlen sind stabil. Viele Nachrichten, die mir zugesandt werden, klingen fröhlich und begeistert und deuten auf einen richtigen Weg hin.

Wie wichtig ist Ihr Engagement bei Facebook mit Blick auf die Entwicklung Ihres Unternehmens?
Ich generiere über Facebook einen nennenswerten Teil meines Geschäfts. Immer wieder habe ich erlebt, dass direkt im Anschluss an das Posten eines Bildes auch gekauft wurde. Die Fanpage erlaubt es mir, Bilder von Produkten mit themenrelevanten Motiven und Links zu verbinden. Ich bekomme schnell Feedback von Kunden, was in einem Online-Shop sonst nur selten passiert. Facebook ist sicher nur Teil eines Gesamtkonstrukts, es unterstützt die Entwicklung meines noch kleinen Unternehmens derzeit aber maßgeblich.

Es gibt also einen direkten Bezug zwischen Ihren Aktivitäten bei Facebook und Ihrem Umsatz. Was schätzen Sie, wie viel Zeit Sie für diese Aktivitäten investieren?
Das ist schwierig zu sagen, da sich einiges vermischt. Zwar achte ich darauf, dass Bilder und Verweise immer offiziell im Namen von wohlgeraten.de verbreitet werden. Da ich aber als Person sehr präsent bin und von vielen Usern namentlich angesprochen werde, antworte ich oft über mein privates Profil. Am Tag verwende ich schätzungsweise eine Stunde für die offizielle Präsenz auf Facebook. Zwi-

schendurch nehme ich mir das Recht heraus, mal gar nichts zu tun. Wie wäre ich sonst glaubwürdig als Natur- und Bergliebhaberin, wenn ich das nicht täte! Die Fans verübeln mir das kaum und sind nach kurzer Abstinenz wieder fröhlich dabei.

Man sieht immer wieder diese tollen Fotos bei Ihnen. Gehört deren Erstellung auch zu Ihrem Handwerkszeug und wie wichtig sind sie für die Seite bei Facebook?
Die Bilder sind ganz elementar, zu ihnen erhalte ich meistens ein Vielfaches an Zuspruch verglichen mit Links oder Ähnlichem. Ich mache alle Bilder selbst, sie stammen teils von Reisen, teils aus dem normalen Alltag – das stellt sicher eine Besonderheit des Shops dar. Einiges von dem Bildmaterial verwende ich zeitgleich für Facebook-Fanpage, Shop und Blog, so ist alles immer wieder miteinander verwoben und wiedererkennbar für den Nutzer. Letztlich sind die vielen spontanen Bilder ein Luxus. Mein Shop ist inhabergeführt und so kann ich mir diese direkte Kommunikation erlauben.

Bei Facebook gibt es ständig neue Funktionen und Änderungen bei der Bedienung. Wie gehen Sie damit um?
Ich bin immer informiert und versuche, alles auf dem neuesten Stand zu halten. Manchmal finde ich die häufigen Änderungen ermüdend, halte jedoch nichts von langem Gemecker. Stattdessen versuche ich, eine optimale Lösung für mich zu finden. Was Neuerungen im Bereich Werbung angeht, informiere ich mich zunächst ausführlich, bevor ich mich entscheide, die passenden Elemente zu nutzen.

● ●

Kundengewinnung

Eines der wichtigsten Ziele für junge und kleine Unternehmen ist es, einen relevanten Stamm an Kunden aufzubauen – schließlich kommt nur über sie Geld in die Kasse. Und genau das können Sie bei Facebook tun, obwohl es kein klassisches Business-Netzwerk ist: Bei 20 bis 25 Millionen Nutzern in Deutschland ist es relativ wahrscheinlich, dass aus jeder Zielgruppe Nutzer auf der Plattform vertreten sind – also auch aus Ihrer. Anders als bei Xing oder LinkedIn können Sie bei Facebook nicht gezielt suchen – hier geht es eher darum, dass Sie von Ihren potenziellen Kunden gefunden werden.

Sich finden lassen, das beschreibt den Weg, wie die Informationsweitergabe bei Facebook geschieht, am ehesten. Während die klassischen Business-Netzwerke darauf ausgerichtet sind, dass Menschen mit Menschen kommunizieren, geht es bei Facebook eher um die Information selbst. Anders als bei der herkömmlichen Informationsbeschaffung (beispielsweise via Google) sucht der Nutzer hier nicht selbst, sondern ihm werden Informationen zugetragen. Dazu wird er Fan einer für ihn interessanten Facebook-Seite und erhält so künftig sämtliche Meldungen von dieser Seite oder er wird durch seine Kontakte über spannende Neuigkeiten auf dem Laufenden gehalten.

Dahinter steht die Idee, dass Freunde oft gleiche oder ähnliche Interessen haben: Wenn Sie sich für ein spezielles Thema interessieren, ist es recht wahrscheinlich, dass sich auch ein Teil Ihrer Kontakte bei Facebook dafür interessiert. Und wie das unter Freunden üblich ist, werden spannende Informationen gerne als Tipp oder Empfehlung weitergereicht – bei Facebook nennt man das „teilen". Natürlich gilt das auch für berufliche Themen, die Grenzen zwischen privater und beruflicher Identität verschwimmen sowieso immer mehr. Der Vorteil dabei: Man bekommt Dinge zu Gesicht, die man selbst vielleicht gar nicht gesucht hätte, die einen aber bei genauerer Betrachtung brennend interessieren.

Wenn Sie Facebook geschäftlich nutzen wollen, müssen Sie also dafür sorgen, dass Angebot und Nachfrage zusammenfinden. Richten Sie deshalb all Ihre Anstrengungen darauf aus, gefunden zu werden. Das ist zum Beispiel möglich, indem Sie interessante Inhalte direkt auf der Plattform verbreiten. Geeignet sind aber auch externe Inhalte, beispielsweise von Ihrem Blog oder von spannenden Webseiten anderer Anbieter, auf die Sie in einem Facebook-Beitrag hinweisen. Wecken Sie mit den von Ihnen publizierten Informationen Interesse bei anderen Menschen, ist der erste Schritt getan: Sehr wahrscheinlich kennen diese Personen nämlich andere Personen, die sich ebenfalls für Ihr Thema interessieren, und erzählen weiter, was sie Tolles entdeckt haben. So wird die erste Gruppe von Empfängern zu wertvollen Multiplikatoren. Im Idealfall geht es dann so weiter, dass sich mehr und mehr Menschen mit Ihren Inhalten beschäftigen und nicht damit aufhören, diese weiterzureichen – ähnlich wie bei einem richtig spannenden Gerücht.

Das funktioniert allerdings nicht auf Bestellung und hängt ganz stark davon ab, wie Sie Ihre Informationen anbieten. Platte Werbung fällt meistens durch – es geht vielmehr darum, Alleinstellungsmerkmale herauszuarbeiten, Vorteile mit tatsächlichem Nutzen zu belegen und leicht verständlich, unterhaltsam und schlüssig zu argumentieren.

Grafiker sucht Kunden in der Region

Für dieses Beispiel versetzen Sie sich ein weiteres Mal in eine andere Person hinein: Erneut sind Sie im grafischen Bereich tätig, diesmal jedoch als Mann. Sie sind bereits seit einiger Zeit mit einem Personenprofil bei Facebook aktiv und haben auch schon einige Freunde – nun möchten Sie auf Ihr Unternehmen aufmerksam machen. Wie funktioniert das am besten?

Eine naheliegende Möglichkeit wäre es, Ihre Freunde ab sofort ständig mit den neuesten Informationen über das Unternehmen zu versorgen. Dabei besteht aber die Gefahr, dass sich nur ein Teil der Empfänger für Ihren Beruf interessiert und die betreffenden Freunde schnell von Ihrer Dauerwerbesendung genervt sind. Die deutlich bessere Methode: Erstellen Sie eine Facebook-Seite für Ihr Unternehmen und bitten Sie Ihre Freunde, Fan zu werden. Nur die wirklich interessierten Freunde (und damit die potenziellen Multiplikatoren) werden dieser Bitte nachkommen, so bauen Sie schnell eine erste echte Fan-Basis auf.

Weitere Fans bekommen Sie, wenn Sie im Namen Ihrer Seite bei Facebook agieren und – beispielsweise mit Kommentaren oder Beiträgen auf zielgruppenrelevanten Fanpages oder in entsprechenden Gruppen (siehe unten) – die Aufmerksamkeit auf sich lenken. Auch durch Interviews mit Fachbloggern und die Bekanntmachung Ihrer Facebook-Seite über sämtliche Ihnen zur Verfügung stehenden Online- und Offline-Medien können Sie die Zahl Ihrer Fans erhöhen. Oder Sie schalten Werbung bei Facebook (auch dazu später mehr) und suchen damit genau die Leute in der Region, die sich für das Angebot eines Grafikers interessieren.

Keine dieser Maßnahmen hat zum Ziel, direkte Anfragen auszulösen – es reicht, wenn interessierte Leser Fan Ihrer Facebook-Seite werden. So erhöhen Sie nach und nach Ihre Reichweite und schaffen sich eine Leserschaft, die es künftig mit interessanten Inhalten bei der Stange zu halten gilt. Je besser Ihnen das gelingt, desto mehr Ihrer Fans werden Sie weiterempfehlen und desto eher werden potenzielle Auftraggeber auf Sie aufmerksam.

Eigenwerbung und Informationstransfer

Wie wird die Idee von Ihrer eigenen Facebook-Seite Realität? Wie schaffen Sie sich Ihren eigenen kostenlosen Informationskanal, über den Sie Ihre Fans regelmäßig mit spannenden Informationen versorgen? Gehen Sie dazu auf www.facebook.com/pages/create.php und wählen Sie in einem ersten Schritt aus, welcher Kategorie Ihre Seite zuzuordnen ist. Zur Auswahl stehen unter anderem lokales Unternehmen, Institution, Produkt oder Künstler. Danach werden Sie aufgefordert, den Namen Ihrer Facebook-Seite einzugeben. Hier genügt der Unternehmens-, Marken- oder Produktname, die Rechtsform ist an dieser Stelle nicht wichtig. Zu Anfang brauchen Sie den Namen noch nicht endgültig festzulegen, denn bis Sie die Zahl von 200 Fans erreicht haben, können Sie ihn eigenständig ändern. Mit mehr Fans funktioniert das (mit Begründung) nur über ein entsprechendes Kontaktformular. Nun folgen Sie der Schritt-für-Schritt-Anleitung von Facebook und geben die ersten Informationen zu Ihrer Seite ein (beispielsweise Öffnungszeiten, Anfahrtsskizze und Link zur Unternehmenswebseite). Wenn Sie dies getan haben, steht Ihre eigene Facebook-Seite im Netz. Gratulation!

Im nächsten Schritt laden Sie zwei aussagekräftige Fotos hoch: eines für das große Titelbild ganz oben auf der Seite und eines für das kleinere Profilbild. Letzteres steht künftig immer neben den Beiträgen, die Sie im Namen Ihrer Seite veröffentlichen – es empfiehlt sich also, ein gut wiedererkennbares Motiv zu wählen, vielleicht Ihr Unternehmenslogo oder einen Teil davon.

RISKIEREN SIE KEINEN REGELVERSTOSS!

Verzichten Sie darauf, in das Titelbild textliche Werbebotschaften zu integrieren. Dies ist laut Facebook Law – so heißen die internen Regeln bei Facebook – nicht erlaubt. Wer gegen diese Vorgaben verstößt, riskiert, dass seine Seite ohne Vorankündigung oder Ermahnung gelöscht wird. Wenn Sie dieses Risiko nicht eingehen wollen, schauen Sie in die „Hilfe", die unten auf jeder Facebook-Seite steht: Hier finden Sie Informationen zu „Werbeanzeigen und Lösungen für Unternehmen" sowie „Richtlinien zu Plattformen". Es ist grundsätzlich ganz interessant, sich hier ein wenig umzuschauen. Die vielen sinnvollen Tipps und Tricks sind vor allem für den unerfahrenen Facebook-Nutzer sehr hilfreich. Das gilt ganz besonders, falls Sie Gewinnspiele irgendeiner Art planen, denn dabei gibt es zahlreiche Fallstricke.

Nachdem Sie nun Ihre Facebook-Seite eingerichtet haben, können Sie anfangen, erste Fans um sich zu scharen und Inhalte einzustellen. Wie bei Ihrem privaten Personenprofil steht Ihnen dazu ein Formularfeld („Was machst du gerade?") zur Verfügung, das Platz für Ihre Statusmeldungen, Fotos oder Links bietet.

Funktionsumfang der Facebook-Seite erweitern

Anders als bei den Personenprofilen haben Sie bei den Facebook-Seiten die Möglichkeit, zusätzliche Funktionalitäten zu integrieren. Dazu benötigen Sie eine „App" (Kurzform für „Application"). Dabei handelt es sich um ein Anwendungsprogramm, das über eine offene Schnittstelle mit der Facebook-Plattform verbunden wird und deren Funktionsumfang erweitert. Typische Beispiele sind interaktive Kontaktformulare, Kalenderfunktionen oder Gewinnspiel-Applikationen, durch die Sie den Dialog mit Ihren Fans erleichtern oder ausbauen können. Für das Erstellen einer individuellen App sind spezielle Programmierkenntnisse nötig. Wer sich selbst daran versuchen möchte, findet im Hilfebereich Anleitungen dazu („Facebook Developer Account").

Darüber hinaus gibt es unzählige Anbieter von hilfreichen Apps, die Sie für Ihre Facebook-Seite nutzen können. Die meisten dieser Anbieter verfügen über eine Facebook-Seite, auf der Sie die Apps live und in Farbe testen können. Beispiele: „Involver" bietet gleich mehrere kostenlose Apps an, mit denen Sie zusätzliche Reiter für Ihre Tweets, Ihren YouTube-Kanal oder Ihre Fotos auf Flickr erstellen können. „RSS Graffiti" bindet beliebige RSS-Feeds in Ihre Fanpage ein und mit „Storefront" können Sie für derzeit 9,95 US-Dollar pro Monat Produkte aus einem bestehenden Online-Shop in Ihre Seite integrieren. Es gibt nahezu keinen Einsatzbereich, für den nicht schon jemand eine entsprechende App programmiert hat. Selbstverständlich stehen auf den Seiten der Anbieter alle Informationen, die Sie brauchen, um die jeweilige App in Ihre Facebook-Seite einzubinden, und die Bedienungsanleitungen bereit.

Gruppen und fremde Facebook-Seiten nutzen

Wer sich nicht allein auf seine eigene Facebook-Seite verlassen möchte, hat innerhalb des Facebook-Netzwerks weitere Möglichkeiten, auf sich aufmerksam zu machen. Am einfachsten ist es, sich auf fremden Facebook-Seiten oder in Gruppen mit einem bestimmten Thema einzubringen. Nutzen Sie dazu die Suchfunktion ganz oben auf der Webseite. Je nachdem, was oder wen Sie erreichen wollen, empfehlen sich branchenspezifisch oder regional orientierte Seiten und Gruppen. Darüber erreichen Sie nicht nur potenzielle Kunden, sondern auch mögliche Kooperationspartner, mit deren Leistungsspektrum sich Ihr Angebot ergänzt; beim Grafiker könnte das beispielsweise ein Texter sein. Allianzen dieser Art erhöhen Ihre Marktpräsenz und können schnell zu neuen Aufträgen führen.

Auch für Ihr Engagement in den Gruppen gilt: Machen Sie wenig Werbung und verbreiten Sie viele Inhalte, die dazu beitragen, Sie als Experten darzustellen. Vermitteln Sie, dass Sie Ihr Handwerk verstehen und eine ganz besondere Qualität oder Spezialisierung haben (Alleinstellungsmerkmal). Wenn möglich, geben Sie auch einige aussagekräftige Referenzen an. Welche

Inhalte für Social Media geeignet sind und wie Ihnen ein Redaktionsplan bei der Strukturierung Ihrer damit verbundenen Arbeit helfen kann, haben wir ja bereits erläutert.

So entwickelt sich durch mehrere Beiträge nach und nach ein Bild Ihres Leistungsspektrums. Wichtig ist dabei, dass Sie tatsächlich nicht nur einige wenige Nachrichten absetzen: Wer versucht, alle Botschaften in einem einzigen Beitrag unterzubringen, verschießt sein Pulver vorzeitig und kann sich später nur noch wiederholen. Bleiben Sie dabei immer ganz bei sich und prüfen Sie, wie die anderen Mitglieder in den Gruppen auf Ihre Beiträge reagieren. Das gibt Ihnen Hinweise, wie Sie Ihre Themen weiterhin darstellen können. Und: Lassen Sie sich keinesfalls erschrecken oder provozieren, wenn ein vielleicht etwas unleidiger Wettbewerber einen unpassenden Kommentar abgibt. Gehen Sie lieber weiter Ihren Weg, lernen dabei und entwickeln Sie Ihre Präsenz bei Facebook.

Recherche

Für die gezielte Suche nach bestimmten Informationen gibt es sicherlich bessere Netzwerke als Facebook – nahezu unschlagbar ist es jedoch, wenn Sie wissen wollen, wer wie über Sie spricht. (Bitte wundern Sie sich nicht: Die sozialen Interaktionen bei Facebook und auf den anderen Plattformen werden als „Gespräche" bezeichnet – auch wenn sie in schriftlicher Form stattfinden.) Diese Art der Recherche wird meistens mit dem Begriff „Monitoring" bezeichnet, darauf gehen wir in Kapitel 12 unter „Erfolgsmessung" noch genauer ein. In jedem Fall erfahren Sie über Facebook, ob und wie Ihr Angebot in der Öffentlichkeit wahrgenommen wird: Ist der Grundtenor positiv oder wird eher kontrovers diskutiert? Sammeln sich auf Ihrer Fanpage mehr und mehr unzufriedene Kunden? Spätestens dann sollten die Alarmglocken schrillen: Sicherlich ist es dem Geschäft nicht zuträglich, wenn ein schlechtes Bild in der Öffentlichkeit entsteht. Anders als bei klassischer Mundpropaganda erfahren Sie in diesem Fall aber von der Kritik an Ihrem Unternehmen und können rechtzeitig gegensteuern. Nehmen Sie die Kritik ernst und überlegen Sie, inwieweit Sie den Grund dafür abschalten können.

Andere Recherchen lassen sich über das Suchfeld erledigen. Es ist ganz oben auf den Seiten neben dem Facebook-Logo zu finden und liefert Ergebnisse unterschiedlicher Kategorien: Personen, Seiten, Orte, Anwendungen, Veranstaltungen, Musik, Internet-Ergebnisse (der Suchmaschine Bing), Beiträge von Freunden, öffentliche Beiträge und Beiträge in Gruppen. Diese Unterteilung wird sichtbar, wenn Sie bei der ersten Ergebnisanzeige unten auf „Weitere Ergebnisse" klicken. Dort können Sie dann die verschiedenen Bereiche auswählen.

Eine Suche mit beruflichen Ansätzen ist hier nicht sehr zielführend. Das hat unter anderem damit zu tun, dass in Facebook-Profilen meist nur wenige Angaben zu Lebensläufen oder Funktionen hinterlegt werden und die Profile inhaltlich nicht so stark genormt sind wie in den klassischen Business-Netzwerken. Außerdem können die Suchergebnisse zweier Personen stark voneinander abweichen, selbst wenn beide nach dem gleichen Begriff gesucht haben. Facebook zeigt bevorzugt Ergebnisse an, die auf bestehenden Kontakten und bekannten Interessen beruhen.

Anbahnung neuer Kontakte

Die Suche nach Kooperationspartnern haben wir bereits angesprochen: Sie können bei Facebook relativ einfach Personen oder Unternehmen identifizieren, die über ein Portfolio verfügen, das sich mit Ihrem Angebot ergänzt. Bei dem bereits erwähnten Grafiker sind das beispielsweise Fotografen, Druckereien, PR-Agenturen und ähnliche Dienstleister, also solche Anbieter, die ebenfalls am Erstellen und an der Verbreitung von Informationen beteiligt sind. Diesen Bogen können Sie natürlich auch weiter spannen – beispielsweise, wenn Sie als Grafiker eine Kooperation mit einem Floristen eingehen und Komplettpakete für Hochzeiten anbieten. Der Phantasie sind dabei fast keine Grenzen gesetzt – nur die wirtschaftlichen Interessen, die Sie mit diesen Kooperationen verbinden, sollten Sie im Hinterkopf behalten.

Die passenden Partner lassen sich zunächst hervorragend über die Suchfunktion von Facebook finden. Spannend sind im nächsten Schritt vor allem die Fanpages von Unternehmern und Firmen, die für eine Kooperation infrage kommen: Sie können darüber bereits einiges in Erfahrung bringen und so möglichst früh herausbekommen, wie gut ein Kandidat tatsächlich geeignet ist. Die Ansprache sollte möglichst auf einer persönlichen Ebene erfolgen, damit erkennbar wird, ob die Chemie zwischen Ihnen und dem Angeschriebenen stimmt.

Auch hier kann die Facebook-Suche weiterhelfen: Eventuell finden Sie eine Veranstaltung, zu der sich auch Ihre Zielperson angekündigt hat. Aber Achtung: Die Grenze zwischen Beharrlichkeit und Belästigung ist fließend. Wer einem potenziellen Kunden oder Kooperationspartner nachstellt, statt nachzuforschen, macht sich eher unbeliebt.

Bezahlte Reichweite

Facebook-Gründer Mark Zuckerberg ist mittlerweile mehrfacher Dollar-Milliardär, ein erheblicher Anteil seiner Einnahmen stammt aus dem Verkauf von Werbeflächen auf der Plattform. Wenn Sie bereits mit Facebook arbeiten, sind Ihnen sicherlich schon das eine oder andere Mal die „Facebook Ads" in der rechten Spalte der Startseite aufgefallen. Genau diesen Werbeplatz können auch Sie für Ihre Zwecke einsetzen.

Das Spannende daran: Facebook verfügt über das derzeit präziseste Targeting für Online-Werbung. Das bedeutet, dass Sie bis ins Detail hinein bestimmen können, wer Ihre Werbeanzeige sehen soll. Das Spektrum reicht vom Alter über das Geschlecht bis hin zu einer sehr fein einstellbaren Auswahl der Interessen. Mit einer solchen Vorauswahl entstehen nur geringe Streuverluste und Sie investieren Ihr Geld sinnvoll – verglichen mit anderen Formen der Online-Werbung.

Hinsichtlich der Darstellung sind die Anzeigen allerdings wenig variabel, genau genommen sehen sie alle gleich aus: Überschrift, Bild, kurze Beschreibung. In den meisten Fällen führen Sie zu einer Facebook-Seite und sollen interessierte Nutzer dazu animieren, sich als Fan einzutragen. Viele Fans zu gewinnen, ist ja gerade am Anfang für nahezu jeden Facebook-Seiten-Betreiber ein Ziel und über diese Anzeigen kommt man auch mit einem kleinen Budget relativ weit. Bezahlt werden die Anzeigen pro Klick, Sie können Ihre

Kosten also sehr gut steuern, indem Sie einfach ein Tages- oder Laufzeitbudget festlegen.

Außerdem können auf Facebook einzelne Beiträge beworben werden, das sind die sogenannten gesponserten Meldungen. Diese erscheinen ebenfalls in der rechten Spalte der Facebook-Startseite und sind in zwei Varianten verfügbar:

→ Bei einer „Gefällt-mir-Meldung" wird dem Nutzer eine Facebook-Seite angezeigt, versehen mit dem Hinweis, welchem seiner Freunde diese Seite ebenfalls gefällt.

→ Bei einer „Meldung über Seitenbeiträge" wird ein einzelner Beitrag einer Seite angezeigt, versehen mit dem Hinweis, wie vielen Nutzern dieser Beitrag gefällt und wie viele Kommentare dazu vorliegen.

Dem liegt die Annahme zugrunde, dass Facebook-Nutzer wesentlich positiver auf Seiten oder Beiträge reagieren, die bereits mehrfach oder von ihrem persönlichen Umfeld positiv beurteilt wurden. Hinzu kommt: Sie können davon ausgehen, dass Ihre regulären, nicht beworbenen Beiträge von nur ungefähr 14 Prozent Ihrer Fans gesehen werden, dieser Wert lässt sich durch gezielt beworbene Beiträge erhöhen.

Gut zu wissen

● ●

WAS IST DER EDGERANK BEI FACEBOOK?

Lediglich einige Ihrer Fans sehen die über Ihre Seite verbreiteten Beiträge. Das hängt mit dem Edgerank zusammen, einem Algorithmus, mit dem Facebook die Relevanz eines Beitrags für den einzelnen Nutzer bewertet. Auf Ihrer Facebook-Startseite sehen Sie rechts oben in Ihrer Timeline den kleinen Button „Sortieren". Hier können Sie auswählen, ob Ihnen die „Neuesten Meldungen" (und damit alle) oder nur die „Hauptmeldungen" aus Ihrem Netzwerk angezeigt werden. Standardmäßig werden die „Hauptmeldungen" angezeigt, das sind die Meldungen, die Facebook für relevant hält. Facebook setzt dabei drei Kriterien an:

1. Die Affinität des jeweiligen Nutzers zu einer Person oder einer Seite: Wie oft ruft er das jeweilige Profil auf, wie oft interagiert er mit dieser Seite?

2. Die Gewichtung des jeweiligen Beitrags: Beiträge mit vielen „Gefällt-mir"-Klicks oder Kommentaren stuft Facebook als bedeutsamer ein.
3. Das Alter des konkreten Beitrags: Je älter ein Beitrag ist, desto niedriger bewertet Facebook ihn – und das ist schon nach zehn Stunden der Fall.

Facebook will so seine Nutzer vor unerwünschter Werbung („Spamming" genannt) schützen. Wenn viele Nutzer auf eine Nachricht reagieren, spricht dies dafür, dass sie interessant ist. Ein weiterer guter Grund, die eigene Facebook-Seite nicht für plumpe Werbung zu nutzen: Niemand interessiert sich dafür, niemand reagiert darauf, Ihr Edgerank sinkt.

• •

Kapitel 7

LinkedIn - das internationale Business-Netzwerk

Das international ausgerichtete Netzwerk **LinkedIn** zählt zu den **Top Five** der mitgliederstärksten Netzwerke weltweit. Es hat wie Facebook, Twitter und Google+ eine **Mitgliederzahl**, die sich im dreistelligen Millionenbereich bewegt, und ist damit über zehnmal größer als Xing. Im deutschsprachigen Raum hat Xing allerdings die Nase vorn: Nur gut **zwei Millionen** Menschen in Deutschland, Österreich und der Schweiz sind Mitglied bei LinkedIn. Da die **Größe** allein jedoch keine besonders nachhaltige Aussage in Bezug auf die Qualität darstellt, werden wir uns in diesem Kapitel intensiv mit den **Vor- und Nachteilen** von LinkedIn beschäftigen.

Über LinkedIn

LinkedIn wurde 2002 im Wohnzimmer von Reid Hoffman in Kalifornien gegründet. Zum fünfköpfigen Gründerteam gehörte auch ein Deutscher, Konstantin Guericke, der bis heute externer Berater des seit Mai 2011 börsennotierten Unternehmens ist. Mittlerweile hat LinkedIn mehr als 175 Millionen Nutzer (Stand: August 2012) und ist das weltweit stärkste Netzwerk mit Fokussierung auf die geschäftliche Nutzung.

LinkedIn hat viele der Funktionen, die heute auch bei anderen Netzwerken ganz selbstverständlich vorhanden sind, maßgeblich mitentwickelt und zählt immer noch zu den Innovationstreibern im Bereich der geschäftlich orientierten Netzwerkpflege – selbst wenn es manchmal so wirkt, als würde die Plattform durch die Omnipräsenz von Facebook verdrängt.

Wenn Sie über die Landesgrenzen des deutschsprachigen Raums hinweg regelmäßig Kontakte pflegen oder Ihre Leistungen und Produkte in anderen Ländern bekannter machen wollen, ist LinkedIn vermutlich eine spannende Plattform für Sie. Gleichzeitig finden Sie hier sehr viele international ausgerichtete Menschen aus Deutschland, Österreich und der Schweiz – in diesem Fall kann LinkedIn durchaus auch für das Binnengeschäft interessant sein.

Funktionalität/Alleinstellungsmerkmal

Das auffälligste Alleinstellungsmerkmal von LinkedIn ist der starke Grad der Vernetzung von Geschäftskontakten über Ländergrenzen hinweg. Jedoch wirkt LinkedIn auf deutschsprachige Nutzer bisweilen etwas kompliziert. Das liegt vor allem daran, dass man in Deutschland, Österreich und der Schweiz eher an Xing gewöhnt ist und sich mit der Umstellung auf das amerikanische Netzwerk ein wenig schwertut. Dabei spielen besonders die kulturellen Unterschiede eine Rolle: Bei LinkedIn war es beispielsweise schon früh ganz selbstverständlich, die Qualität eines Kontakts zu bewerten. Schon bei der Kontaktanbahnung muss angegeben werden, in welcher Beziehung der eine Nutzer zum anderen steht, jede einzelne berufliche Station von anderen LinkedIn-Mitgliedern kann bewertet werden. Direkt bei der Kontaktanfrage fragt das

Netzwerk nach, in welcher Beziehung man zu der angefragten Person steht, beispielsweise ob bereits eine Zusammenarbeit stattgefunden hat oder eine Freundschaft besteht.

Kostenloses Basisprofil oder kostenpflichtige Mitgliedschaft?

LinkedIn bietet wie Xing verschiedene Nutzungsmodelle an. Es gibt ein kostenloses Basisprofil und unterschiedliche Business-Profile, die mit monatlichen Kosten verbunden sind. Das ist in etwa vergleichbar mit dem Unterschied zwischen einer Basis- und Premium-Mitgliedschaft beziehungsweise den speziellen Nutzungsmöglichkeiten für Recruiter bei Xing. Die Kosten bei LinkedIn sind allerdings deutlich höher: 14,95 Euro pro Monat sind das Minimum, die Talent-Pro-Mitgliedschaft kostet 299,95 Euro pro Monat. Das sollte allerdings niemanden abschrecken, denn die meisten Interessenten benötigen kein kostenpflichtiges Konto. Im Regelfall reicht das Basisprofil aus.

Der Unterschied bei den verschiedenen Angeboten hat weniger mit der Verfügbarkeit von Standardfunktionen zu tun, sondern es sind verschiedene Filter- und Spezialfunktionen, die bei LinkedIn den Unterschied ausmachen. Und diese sind eigentlich nur für Power-User (wie Recruiter oder Vertriebsprofis) wirklich interessant. Wer mehr zahlt, bekommt zum Beispiel mehr Suchergebnisse angezeigt und darf mehr „Inmails" (private Nachrichten an Nichtkontakte) verschicken. Wer sich für ein kostenloses Basisprofil entscheidet, kann solche Nachrichten einzeln bezahlen, im Business-Profil für 14,95 Euro pro Monat sind drei Inmails enthalten.

LinkedIn orientiert sich bei seinen Kontotypen am Nutzungsverhalten der Mitglieder. Das Unternehmen empfiehlt beispielsweise Jobsuchenden das Job-Seeker-Profil, ein Vertriebler sollte eher das Sales-Executive-Konto nutzen und es gibt auch bei LinkedIn ein spezielles Angebot für Recruiter. Die Idee dahinter: Je mehr Nutzen ein Mitglied durch das Netzwerk erfährt, desto mehr sollte es zahlen. Unsere Empfehlung: Starten Sie zunächst mit dem kostenlosen Basisprofil. Je nachdem, wie intensiv Sie das Netzwerk nutzen, können Sie später immer noch zu einer der kostenpflichtigen Varianten wechseln.

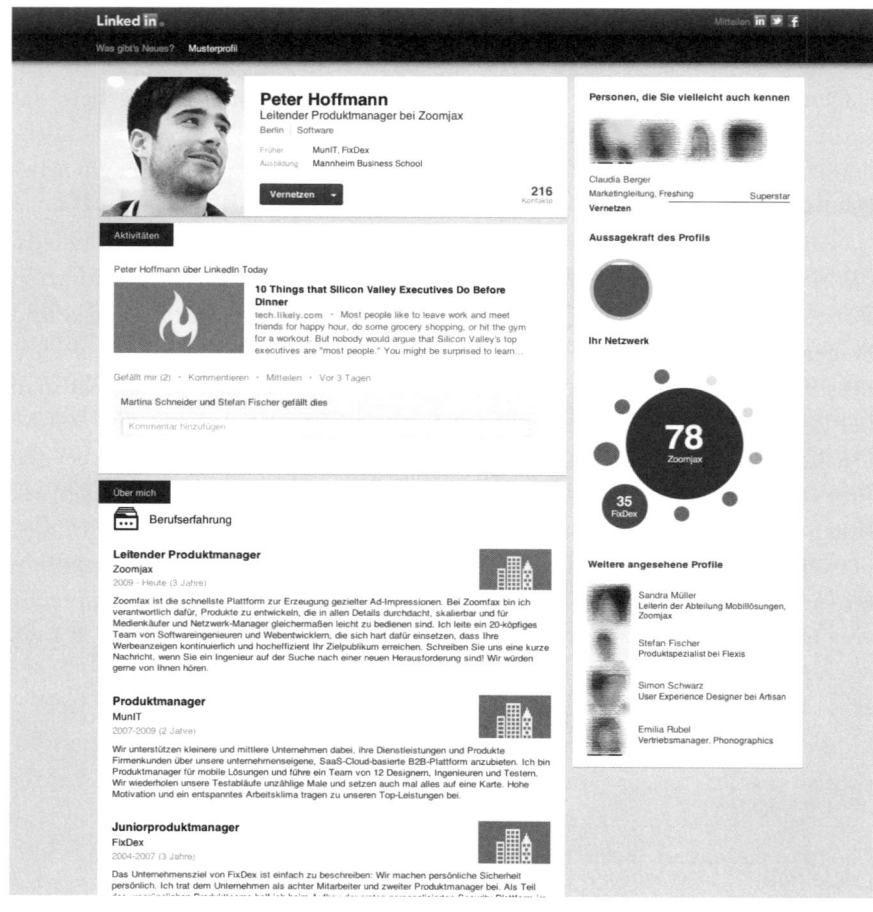

LinkedIn relauncht zum Jahreswechsel 2012/2013 die Darstellung der Profile. Das neue Profil besticht durch große Übersichtlichkeit.

Kontakte qualifizieren

Ein wesentlicher Unterschied zu Xing besteht darin, dass bei LinkedIn neben dem beiderseitigen Einverständnis auch eine Qualifizierung des Kontakts notwendig ist, bevor die Vernetzung möglich wird. Wenn Sie bei LinkedIn eine

Kontaktanfrage an eine Person stellen, müssen Sie daher angeben, in welcher Art von Beziehung Sie zu dieser Person stehen. Abhängig davon, was Sie eintragen, werden Sie aufgefordert, zusätzliche Informationen anzugeben, das kann zum Beispiel die E-Mail-Adresse der betreffenden Person sein. Schließlich ist davon auszugehen, dass der Anfragende die E-Mail-Adresse einer befreundeten Person kennt.

Klingt kompliziert, doch dieses Vorgehen dient dem Schutz des Mitglieds, das eine Kontaktanfrage erhält. Gerade Personen, die sich auf einem höheren Karrierelevel befinden oder Positionen innehaben, die bei der Auftrags- und Stellenvergabe wichtig sind, erhalten oft unzählige Kontaktanfragen. Darunter sind dann viele, die wenig Wert für den Empfänger haben. Das hat man bei LinkedIn bereits früh erkannt. Daher wurden nicht nur Hürden bei der Qualifizierung von Kontakten geschaffen, sondern auch Einstellungen bei den Profilen eingerichtet, mit denen die Mitglieder bestimmen können, wer mit Ihnen in Kontakt treten darf. Auch dies führt dazu, dass sehr viele Führungspersönlichkeiten bei LinkedIn präsent sind – sie können sich vor unerwünschten Anfragen schützen und öffnen keinen neuen Kanal für eine Ansprache von außen.

Gut zu wissen

MISSBRAUCH DER KONTAKTANFRAGE WIRD BESTRAFT

Leider gibt es in jedem sozialen Netzwerk die sogenannten Kontaktsammler, denen es einzig und allein darum geht, eine möglichst lange Liste mit Kontakten vorweisen zu können. LinkedIn macht deren Verhalten gleich auf zweifache Weise uninteressant. Zum einen ist die Zahl der angezeigten Kontakte begrenzt: Es werden maximal 500+ Kontakte angezeigt, egal, ob sich 501 oder 20.000 Kontakte dahinter verbergen. Zum anderen werden die Hürden zur Kontaktaufnahme für Personen erhöht, deren Anfragen häufig abgelehnt werden. Sie müssen beispielsweise immer eine E-Mail-Adresse des gewünschten Kontakts kennen und angeben, andernfalls ist die Kontaktanfrage nicht möglich.

Private Nachrichten an Nichtkontakte kosten Geld

Ein weiteres Alleinstellungsmerkmal, das bei vielen deutschsprachigen Nutzern zunächst auf Unverständnis stößt: Private Nachrichten an Nichtkontakte, „Inmails" genannt, kosten bis zu zehn Dollar pro Mail (abhängig von der gekauften Anzahl). Einerseits hat sich LinkedIn damit eine gute Einnahmequelle gesichert, andererseits werden so diejenigen Mitglieder geschützt, die möglichst nur Nachrichten erhalten möchten, die tatsächlich einen Wert für sie haben.

Wer eine interessante Nachricht verschicken will, wird nicht zögern, zehn Dollar in eine Inmail zu investieren. Jemand, der dagegen eher allgemeine Anfragen versendet, wird sich gut überlegen, ob sich diese Investition für ihn lohnt. Der schöne Effekt des Ganzen: Die Anzahl belangloser Anfragen auf der Plattform hält sich stark in Grenzen.

Interessant in diesem Zusammenhang ist, dass in den USA viele Mitglieder regelmäßig vierstellige Beträge für Inmails ausgeben und damit offensichtlich einen Return-of-Invest erzielen können, der finanzielle Aufwand scheint sich also auszuzahlen. Und so gilt offensichtlich: Wer gezielt mit anderen in Kontakt treten und kommunizieren will, erhält mit LinkedIn ein mächtiges Werkzeug. Massenversender von Nachrichten werden hingegen wirkungsvoll ausgebremst.

Kundengewinnung

Die Ansprache möglicher Kunden funktioniert bei LinkedIn grundsätzlich wie bei Xing. Zunächst geht es darum, interessante Personen zu identifizieren, den Kontakt zu suchen und im besten Fall daraus eine Kundenbeziehung zu entwickeln. Das ist der aktive Weg. Der eher passive Weg sieht so aus, dass Menschen nach Ihnen und Ihren Leistungen oder Produkten suchen. Bei der zweiten Alternative ist es wichtig, bei LinkedIn möglichst spannende Suchergebnisse zu produzieren. Das können Sie zum einen über die Inhalte Ihres eigenen Profils erreichen, aber auch über die Inhalte eines Unternehmensprofils, in dem Sie Details zu den Leistungen und Produkten, News und Jobausschreibungen hinterlegen. Dies ist selbst dann sinnvoll, wenn Sie mit einem Mini-Unternehmen am Markt sind, denn dadurch verdoppelt sich die Chance, gefunden zu werden.

Suchen lassen sich auch bei LinkedIn über ein Suchfeld anstoßen, dieses befindet sich oben rechts auf der Seite. Mit dem kleinen Pfeil links vom Suchfeld können Sie bestimmen, welche Inhalte durchsucht werden sollen: Mitglieder (Personen), Updates, Stellenmarkt, Unternehmen, Antworten, Post und Gruppen. Auf die weiteren Filtermöglichkeiten gehen wir im Bereich „Recherche" noch ein.

● ●

Im Gespräch

Der Kapitalmarkt wird von zwei Polen beherrscht, Kapitalsuchern und Kapitalgebern. **Ulf Leonhard** aus Berlin hat es sich mit seinem Unternehmen zur Aufgabe gemacht, zwischen diesen beiden Polen als Vermittler tätig zu werden und Angebot und Nachfrage zusammenzuführen. Nach einer zuvor schon erfolgreichen Karriere hat er sein neues Unternehmen Leonhard Ventures genau zu diesem Zweck gegründet.

Herr Leonhard, mit Ihrem Unternehmen stehen Sie als Vermittler zwischen internationalen Geldgebern und Unternehmen mit Finanzierungsbedarf. Was sind die besonderen Anforderungen an diese Funktion?
Wichtig ist ein großes und persönliches Netzwerk mit nationalen wie internationalen Investorenadressen und Fachdienstleistern. Dazu zählen unter anderem Wirtschaftsprüfer und Rechtsanwälte, Wirtschaftsförderungen sowie Technologie-Inkubatoren. Der Markt ist sehr heterogen und intransparent; es kommen immer neue Anbieter hinzu – da ist es wichtig, aber zugleich schwierig, auf dem Laufenden zu bleiben. Man könnte sagen, je moderner die Zeiten werden, desto bedeutender ist der persönliche Kontakt.

Sie nutzen unter anderem LinkedIn für Ihre Tätigkeit. Wie setzen Sie das Netzwerk in der täglichen Arbeit ein?
Ich bin eigentlich an jedem Tag permanent online. Ich schaue mir oft die Kontakte meiner Kontakte an und finde darunter Unternehmen und Personen, die für mich

interessant sein könnten. Fallweise suche ich auch gezielt nach Unternehmen in bestimmten Ländern – dabei hilft mir insbesondere die qualifizierte Suche von LinkedIn. Finde ich irgendwo eine für mich relevante Veranstaltung, kann ich zu 95 Prozent der Fälle die Speaker bei LinkedIn finden und anschreiben – das ist schon klasse! Mit einer Antwortquote von 15 bis 20 Prozent der Angeschriebenen bin ich zudem sehr zufrieden.

Wie kamen Sie darauf, dass LinkedIn ein wichtiges Tool für Ihre Tätigkeit sein kann?
Vor einigen Jahren habe ich mich einfach bei LinkedIn angemeldet und das Netzwerk getestet. Bei meinen Aktivitäten im Zusammenhang mit meinem internationalen Wassertechnologie-Finanzierungsforum WaterVent habe ich LinkedIn als ideales Marketingwerkzeug entdeckt. Seit zwei Jahren bin ich jetzt Premium-Mitglied, eine absolut lohnende Ausgabe. Durch das Netzwerk konnte ich inzwischen weltweit rund 1.900 Kontakte herstellen, die für mich und mein Geschäft interessant und ernst zu nehmen sind. Außerdem bin ich inzwischen in 50 Gruppen Mitglied und habe eine eigene Gruppe zum Thema Wassertechnologie-Finanzierung gegründet. Diese hat in den vergangenen zwei Jahren 1.200 Mitglieder aus allen Teilen der Welt gewonnen.

Das zeigt recht eindrucksvoll, wie Sie jetzt schon von dem Netzwerk profitieren. Welchen Stellenwert hat LinkedIn für Ihre zukünftigen Planungen?
LinkedIn ist für mich unverzichtbar und selbstverständlich geworden. Ich finde dort hochklassige Kontakte auf der ganzen Welt – von Partnern, CEOs, Inhabern bis hin zu relevanten Entscheidungsträgern für meine Themen. Durch diese starke Interessensüberschneidung erhalte ich immer wieder sehr gute Reaktionen auf meine Inmails, die ich im Netzwerk versende.

Zum Abschluss unseres Gesprächs würden wir gerne noch wissen: Wie sieht aus Ihrer Sicht das ideale Profil eines Unternehmers bei LinkedIn aus? Haben Sie einen besonderen Tipp?
Jedes Mitglied sollte sich die Mühe machen, ein vollständiges und professionelles Profil anzulegen. Anders macht eine Mitgliedschaft kaum Sinn. Dazu gehört auch ein ansprechendes Foto, das ist in meinen Augen selbstverständlich. Mir haben

außerdem mein aktives Engagement, die Mitgliedschaft in passenden Gruppen und die Premium-Mitgliedschaft viel gebracht.

Eigenwerbung und Informationstransfer

Bevor Sie bei LinkedIn loslegen können, müssen Sie, so wie in den anderen Netzwerken, zunächst ein eigenes Profil einrichten. Ein wesentlicher Unterschied besteht darin, dass Sie hier mehrsprachige Profile anlegen und sich so in jeder Sprache ideal präsentieren können. Dies ist natürlich äußerst sinnvoll für ein Business-Netzwerk, das sich international aufgestellt hat.

Einiges bei der Profilerstellung erledigt sich sozusagen von selbst: Um Ihre Karriere darzustellen, können Sie beispielsweise einfach ein PDF Ihres Lebenslaufs hochladen. LinkedIn überträgt die darin enthaltenen Daten automatisch in die für die Plattform typische Darstellungsform. Dabei passieren gelegentlich kleinere Fehler, die Sie jederzeit korrigieren können und sollten. In das zur Verfügung stehende Freitextfeld lassen sich zusätzliche Informationen einfügen, und zwar in jeder von Ihnen voreingestellten Sprache einzeln. Heraus kommt ein ganz individuelles Profil, das oben auf der Seite in Form einer Kurzübersicht zusammengefasst wird und sich dann beim Herunterscrollen immer weiter entfaltet.

Sie haben zudem die Möglichkeit, ein Foto von sich einzustellen – dabei gilt jedoch: andere Länder, andere Sitten. In amerikanischen Lebensläufen (Curriculum Vitae, CV) wird zum Beispiel in der Regel auf ein Bild verzichtet; dadurch sollen Benachteiligungen vermieden werden. Unter Umständen kann es daher sinnvoll sein, das Foto auch bei LinkedIn wegzulassen.

Im unteren Teil des Profils haben Sie darüber hinaus die Möglichkeit, individuelle Kenntnisse und Fähigkeiten anhand von Schlagwörtern (den sogenannten Tags) anzugeben. Dabei können voreingestellte und eigene Tags genutzt werden. Zudem werden hier die Gruppenmitgliedschaften angezeigt, diese können Sie selbst sortieren.

SO BINDEN SIE EIN BLOG IN IHR LINKEDIN-PROFIL EIN

Bei LinkedIn ist es ebenfalls möglich, ein WordPress-Blog mit Ihrem persönlichen Profil zu verbinden. Dazu klicken Sie einfach auf der Startseite in der oberen Navigation auf „Mehr" und aktivieren dort die WordPress-Anwendung. Jetzt fügen Sie nur noch die URL Ihres Blogs ein und ab sofort erscheinen Ihre jeweils neuesten Blogbeiträge ganz automatisch in Ihrem LinkedIn-Profil. Nach dem gleichen Prinzip lassen sich auch Slideshare-Präsentationen oder andere Anwendungen in Ihr Profil einbinden.

Um bei LinkedIn auf sich aufmerksam zu machen, tun Sie das Gleiche wie in den anderen Netzwerken: Sie verbreiten interessante Neuigkeiten oder Fakten und zeigen so Ihren Expertenstatus. Je interessanter die Inhalte für Ihre Zielgruppe sind, desto besser werden Sie mit Ihren Themen wahrgenommen. Das geht besonders gut über das eigene Profil und das Unternehmensprofil.

Nutzen Sie aber auch die anderen Möglichkeiten: Bei LinkedIn ist zum Beispiel der Bereich „Antworten" gut geeignet, um auf die eigene Kompetenz hinzuweisen. Hier kann jedes Mitglied Fragen zu allen erdenklichen Themen platzieren und wer sich dazu berufen fühlt, antwortet und zeigt dabei nach und nach sein Fachwissen. Das könnte interessant für Sie sein? Diesen Bereich finden Sie oben im Navigationsmenü unter dem Punkt „Mehr".

Auch in den LinkedIn-Gruppen findet ein reger Wissenstransfer statt. Diesen Bereich erreichen Sie ebenfalls über die obere Navigationsleiste, und zwar unter dem Punkt „Gruppen". Im Untermenü „Gruppenübersicht" stehen verschiedene Filter zur Verfügung, sodass Sie sich zunächst einen Eindruck verschaffen können, wie das Angebot überhaupt aussieht. Die englischsprachigen Gruppen verzeichnen teilweise Mitgliederzahlen im hohen sechsstelligen Bereich, die größte Gruppe hat mittlerweile mehr als eine Million Mitglieder. Für Ihre Sichtbarkeit und die Ihres Unternehmens eröffnen sich damit beste Chancen. Hinzu kommt, dass sich viele Mitglieder wöchentlich eine Zusammenfassung der neuesten Gruppenbeiträge per E-Mail zusenden lassen.

Sie werden also auch ohne einen Besuch bei LinkedIn über die aktuell in der Gruppe diskutierten Themen informiert – im Idealfall auch über Ihre Beiträge.

Recherche

Die umfangreichen Recherchemöglichkeiten zählen zu den besonderen Qualitäten von LinkedIn, dabei sind vor allem die vielen voreinstellbaren Filter hilfreich. Deren Anzahl erhöht sich noch, wenn Sie sich für eins der kostenpflichtigen Angebote entscheiden. Die Nutzer eines bezahlten Business-Plus-Abonnements haben bei der erweiterten Suche nach Mitgliedern beispielsweise die Möglichkeit, von vornherein nach folgenden Themen zu filtern: Branche, Beziehung zu mir, Sprache, Unternehmensgröße, Karrierestufe, Interessen und Suche nach Fortune-500-Unternehmen. Letztere werden alljährlich in einer Liste veröffentlicht, es handelt sich dabei um die 500 umsatzstärksten Unternehmen der Welt. Ergänzt wird dies durch weitere sinnvolle Suchen, zum Beispiel die Umkreissuche. Sie ist für all diejenigen sinnvoll, die eher lokal agieren wollen. Ähnliche Filter finden Sie auch in den anderen Bereichen von LinkedIn, beispielsweise bei den Gruppen. Damit können Sie in kurzer Zeit umfangreiche Recherchen durchführen und so die Basis für Ihr Engagement bei LinkedIn legen.

• **Tipp**

KOSTENFREIE NACHRICHTEN AN GRUPPEN-MITGLIEDER

Bei LinkedIn können sich die Mitglieder einer Gruppe, abhängig von den individuellen Einstellungen zur Privatsphäre, untereinander Nachrichten senden, ohne dass eine kostenpflichtige Inmail anfällt. Wer diese Möglichkeit nutzt, kann mit ein wenig Rechercheaufwand einiges an Kosten sparen.

• •

Anbahnung neuer Kontakte

Die umfangreichen Suchfunktionen führen direkt zum nächsten Thema, nämlich wie sich potenzielle Kooperationspartner finden lassen. Die Suchfilter sind optimal dafür, um zumindest den Kreis der infrage kommenden Unternehmen und Personen einzugrenzen. Auch hier sollten Sie sich vorab grundsätzliche Gedanken darüber machen, welche Eigenschaften und welches Portfolio mögliche Kooperationspartner mitbringen sollten. Denn nur, wenn Sie wissen, was Sie suchen, können Sie auch erfolgreich finden.

Beispiel

PROGRAMMIERER SUCHT BUNDESWEIT KOOPERATIONSPARTNER FÜR EINEN GEMEINSAMEN AUSSENAUFTRITT

Stellen Sie sich vor, Sie sind ein Programmierer, der von seiner Schaffenskraft und der Außenwahrnehmung her normalerweise nur regional begrenzt einen guten Auftritt realisieren kann. Mit geeigneten Kooperationspartnern im ganzen deutschsprachigen Raum könnten Sie aber deutlich stärker wahrgenommen werden – obwohl es sich bei diesen um Wettbewerber handelt.

Mithilfe der Filter bei LinkedIn können Sie geeignete Zielpersonen finden und zudem nach Veranstaltungen suchen, zu denen sich vielleicht sogar mehrere davon angemeldet haben. Mit diesem Wissen haben Sie den Grundstein gelegt, um ein Kooperationsnetzwerk aufzubauen. Aber Achtung: Wer zu viele Menschen gleichzeitig anspricht, verliert leicht den Überblick, wirkt wahllos und ruft Nachahmer auf den Plan.

Zwei Dollar pro Klick mögen Ihnen vermutlich recht teuer erscheinen. Jedoch sollten Sie dabei nicht außer Acht lassen, dass Sie hier ganz gezielt Ihre Zielgruppen ansprechen. Wie beim Netzwerken selbst kommt es dabei nicht auf Masse, sondern auf Qualität an.

Bezahlte Reichweite

Seit 2012 sind bei LinkedIn die sogenannten „LinkedIn-Ads" auch für die deutsche Sprachversion des Netzwerks verfügbar: Damit können Sie gezielt für Ihre Produkte und Leistungen werben. Wie bei Facebook ist das Ganze mit einem leistungsstarken Targeting kombiniert, Sie können folgende Zielgruppeneinstellungen wählen: Stellenbezeichnung, Tätigkeitsbereich, Branche, Region, Unternehmensgröße, Name des Unternehmens, Karrierestufe, Alter, Geschlecht und die Mitgliedschaft in einer bestimmten LinkedIn-Gruppe. Die Einblendung der Werbeanzeigen erfolgt auf der Profilseite, der Startseite, im Postfach, auf der Suchergebnisseite und bei den Gruppen. Sie entscheiden selbst, ob Ihre Anzeige nur auf einer dieser Seiten oder allen angezeigt werden soll.

Auch mit diesem Angebot können Sie streuverlustarm Werbung betreiben – und das zu einem attraktiven Preis. Los geht es ab etwa zehn Dollar pro Tag. Sie können entscheiden, ob Sie pro Klick oder pro 1.000 Einblendungen bezahlen möchten. Die meisten Nutzer entscheiden sich für die Bezahlung pro Klick – einer kostet sie ab zwei Dollar.

Kapitel 8

Google+ - der Newcomer aus dem Hause Google

Wer sich mit dem Thema **Internet** beschäftigt, kommt um **Google** nicht herum – das ist spätestens seit 2011 auch in Sachen Social Networking so. Wegen seines anhaltenden Erfolgs drohte Facebook zu einem ernst zu nehmenden **Wettbewerber** für Google zu werden – vor allem auf dem Markt der **Online-Werbung**. Auf den stärker werdenden Handlungsdruck reagierte der Suchmaschinengigant, indem er ein **eigenes soziales Netzwerk** entwickelte: Am 28.6.2011 fiel der Startschuss für „Google+".

Über Google+

Beim Start von Google+ setzten die Entwickler auf die Neugier der Nutzer und den Sogeffekt eines exklusiven Netzwerks: Zunächst war die (kostenlose) Registrierung nur auf Einladung eines bereits registrierten Nutzers möglich. Erst seit dem 20.9.2011 ist Google+ offen für alle, parallel dazu wurde ein

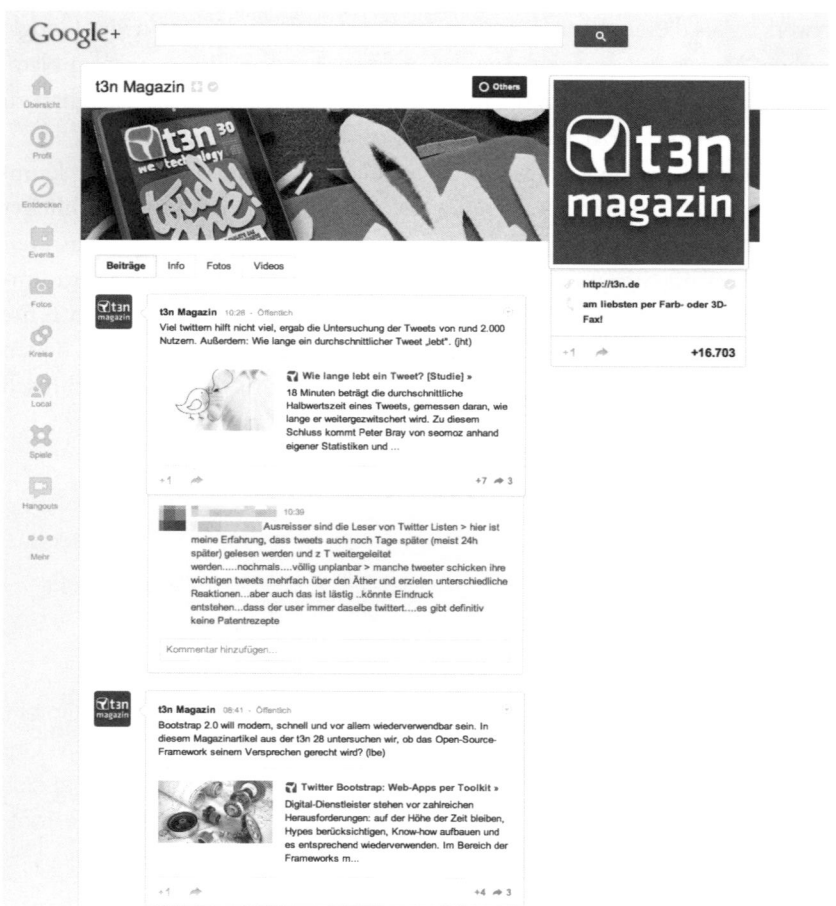

Das T3N-Magazin macht mit seiner Unternehmensseite vor, wie man Google+ optimal nutzen kann.

Angebot für die sogenannten Seiten gelauncht – vergleichbar mit den Facebook-Seiten oder den Unternehmensseiten bei Xing oder LinkedIn.

Bereits 14 Monate nach der Gründung hatte G+, so wird das soziale Netzwerk in Fachkreisen oft genannt, rund 400 Millionen Nutzer und war damit zur Nummer zwei aufgestiegen – hinter Facebook und vor Twitter. Von Anfang an ging Google+ andere Wege als Facebook und Co., denn es unterstützt die bekannte Suchmaschine und ist kein alleinstehendes Produkt wie die anderen Netzwerke. Aus diesem Grund ist es eng mit den anderen Diensten von Google verwoben. Man kann also wohl davon ausgehen, dass das Wissen aus dem Netzwerk auch eingesetzt wird, um die Interessen der werbetreibenden Wirtschaft zu unterstützen (siehe hierzu auch das Kapitel zur bezahlten Reichweite).

Die Nutzbarkeit von Google+ unterscheidet sich in Art und Umfang kaum von der in anderen Netzwerken, wobei das Netzwerk aber deutlich sachlicher anmutet als beispielsweise Facebook. Vielen Mitgliedern fehlt daher das Heimelige, die warme Stimmung, die einen bei Facebook oder Twitter sofort umfängt. Das mag auch daran liegen, dass viele der hier vertretenen Nutzer echte Social-Media-Experten sind. Sie wollten von Anfang an bei diesem neuen Netzwerk dabei sein und dominieren es daher stark mit ihren eher technisch orientierten Themen.

Im Gespräch

Man sagt, Google+ spreche eine eher technikaffine Zielgruppe an. Dass dem wirklich so ist, beweisen **Frank Ritter** und seine Kollegen mit ihrer Firma Mad Skills GmbH, die das Newsportal androidnext.de betreibt. Das Unternehmen ist im August 2011 gestartet und hat sich ganz bewusst für ein Engagement bei Google+ entschieden.

Herr Ritter, Sie nutzen Google+ intensiv, um Ihr Angebot nach außen zu kommunizieren. Wie genau läuft das ab?

Wir veröffentlichen über androidnext.de täglich rund zehn Artikel aus dem Themenspektrum Android, dem mobilen Betriebssystem von Google. Nach der Veröffentlichung eines Artikels posten wir den Link dazu in den relevanten sozialen Netzwerken, meist mit einer kleinen Bemerkung als „Appetizer" – mal sachlich, mal ironisch-pointiert. Auf diese Weise erhalten unsere Artikel eine persönliche Note, was gut anzukommen scheint – nahezu jeder geteilte Link wird von unseren Lesern kommentiert, weitergeteilt und mit „+1"-Klicks versehen. Wir gehen wiederum auf Kommentare und Anfragen ein, was die Leserbindung erhöht. Die Konversationen bewegen sich meist auf einem höheren Niveau als bei Facebook.

Posts außer der Reihe – das kann ein witziges YouTube-Video oder ein Foto aus den Redaktionsräumen sein – kommen dazu, so lassen wir unsere Leser an unserem Alltag teilhaben. Das ist Teil unseres Konzepts: keine abgehobene Berichterstattung, sondern dem Leser das Gefühl vermitteln, dass hinter dem, was androidnext.de ist, auch Personen stehen.

Verraten Sie uns, warum Sie stark auf Google+ setzen und sich nicht wie viele andere allein auf Facebook konzentrieren?

Naturgemäß ist der Anteil von Google+-Nutzern unter unserer Leserschaft verhältnismäßig hoch, da die Nutzung von Android an einen Google-Account gebunden ist. Das war einer der Gründe dafür, dass wir von Anfang an auf eine starke Präsenz bei Google+ gesetzt haben. Zudem ist ausschlaggebend, dass Google Synergien mit anderen seiner Dienste sucht. Wenn ein Nutzer uns mit „+1" markiert, ist die Wahrscheinlichkeit höher, dass in Zukunft Ergebnisse von androidnext.de in dessen personalisierten Google-Suchergebnissen hervorgehoben erscheinen – und sogar in denen seiner Google-Kontakte. Auch dass dank Google+ Artikel einzelnen Autoren zugewiesen werden können und dies in Zukunft wohl auch als Bewertungskriterium in Googles Suchalgorithmus einfließen wird (Stichwort „Author Rank"), ist eine willkommene Möglichkeit, die eigenen Artikel in der Suchmaschine besser zu promoten. Facebook vernachlässigen wir trotzdem nicht, denn nach wie vor erhalten wir mehr Besucher über Facebook – obwohl wir dort weniger Anhänger haben. Noch.

Das heißt, Sie gehen davon aus, dass Google+ künftig der wichtigere Player sein wird. Welche Erfolge haben Sie durch Ihre Präsenz bei Google+ bereits erzielen können?

Durchaus einige. Wir sind (Stand: Oktober 2012) mit rund 18.500 Followern derzeit auf Platz 48 in den inoffiziellen Google+-Charts (http://gpluscharts.de) – vor Größen wie ARD, Heise, Golem und Chip. Wir werden außerdem für Google+-Neulinge als Empfehlung im Bereich „Tech" angezeigt. Während viele Konkurrenten und Marken gerade erst G+ entdecken, haben wir dort schon einen Fuß in der Tür. Ein kaum zu überschätzender Vorteil, auch in Zukunft. Natürlich ist Google+ auch ein signifikanter Trafficbringer – etwa zehn Prozent unserer Visits stammen von dort.

Gibt es auch Kritikpunkte an Google+?
Aus unserer Sicht gibt es wenig an Google+ auszusetzen. Es handelt sich um ein Netzwerk, das die meisten Vorteile aus Twitter und Facebook bündelt, das sich ständig – sowohl im Netz als auch bei den Mobile Apps – neu erfindet und häufig redesignt wird, aber trotzdem konsistent bleibt (im Gegensatz zu Facebook, das in meinen Augen ein Usability-Alptraum ist). Etwas schade ist, dass Google+ noch nicht in der Breite der Bevölkerung angekommen ist, aber das kann sich noch ändern – schließlich wird der Dienst von Google als Schlüsselfaktor in der Firmenstrategie gesehen und entsprechend viel in Google+ hineininvestiert.
Ein kleiner Kritikpunkt ist, dass die Bedeutung des „+1"-Buttons deutlich abstrakter ist als die des Facebook-„Like". Generell sind die Begrifflichkeiten rund um das Netzwerk etwas unhandlich – Kreislinge statt Fans/Follower oder pluseinsen statt liken klingt einfach nicht rund.
Schließlich besitzt Facebook noch einen Vorteil gegenüber Google+: Das Fan-Werden taucht im Stream eines Nutzers auf, das Fan-Sein ist Teil des Profils und wird damit sichtbar nach außen getragen. Damit gehört es stärker zur transportierten Identität eines Nutzers. Ein Facebook-Fan von androidnext.de kommuniziert das Fan-Sein nach außen, das Hinzufügen von androidnext.de in die nutzereigenen Google+-Kreise ist eher „Privatsache". Auch wenn mancher Nutzer das so bevorzugt – aus der Perspektive von uns als Marke ist das ein Nachteil.

Welchen Tipp würden Sie einem Gründer geben, der Google+ für sich als Hauptkommunikationskanal nutzen möchte? Wie sollte er sich an das Thema heranwagen?
Mir ist bewusst, dass die Pflege eines weiteren sozialen Netzwerks durchaus viel Arbeit bedeutet. Die zahlt sich aber aus. Wer techaffine Inhalte streuen will, kommt

um Google+ nicht mehr herum. Aber auch für andere Branchen gewinnt G+ an Relevanz. Ein Vorteil ist, dass es sich immer noch um ein junges Netzwerk handelt und man leichter auffallen kann als bei Facebook – wo Lieschen Müller, ihre Mutter und deren Hund Fans dutzender Marken sind. Aber auch als Kommunikationsmedium und im Bereich SEO bietet Google+ große Vorteile. Aus persönlicher Erfahrung empfehle ich, Google+ auch als Rückkanal zu verwenden, Feedback aufzunehmen, zu beantworten und sich dort als Mensch hinter dem Angebot zu präsentieren. Denkbar ist sogar, Google+ anstelle eines Firmenblogs zu verwenden. Als wir in einem Google+-Posting (https://plus.google.com/+androidnext/posts/ Y7Kebvuag4E) einmal unserem Ärger über die GEMA Luft gemacht haben, wurde dieser Beitrag über 400-mal geteilt. Es ist zu bezweifeln, dass ein normales Blog-Posting so stark beachtet worden wäre.

Natürlich bedeutet das nicht, dass man andere Netzwerke vernachlässigen sollte. Facebook bleibt nach wie vor wichtig als das Medium, über das man die meisten Menschen erreichen kann, auch Twitter hat weiter seinen festen Platz. Man sollte offen bleiben und auch neue Dienste ausprobieren, sofern diese zum eigenen Angebot passen. Jeder Kanal ist ein potenzieller neuer Weg hin zu Lesern, Fans, Kunden oder Partnern.

Funktionalität/Alleinstellungsmerkmal

Das Alleinstellungsmerkmal von Google+ lässt sich leicht benennen – schließlich ist es das einzige soziale Netzwerk, das eine direkte Verbindung zur größten Suchmaschine der Welt hat. Davon profitiert der Nutzer gleich in dreierlei Hinsicht:

1. Durch die aus Ihrem Google+-Nutzungsverhalten gewonnenen Informationen kann das Unternehmen die Antworten auf Ihre Google-Suchanfragen besser auf Ihre Interessen abstimmen.
2. Anhand der Beiträge, Diskussionen und Verlinkungen bei Google+ kann Google besser identifizieren, welche Inhalte für die Nutzer relevant sind. Dies steigert langfristig die Qualität innerhalb der Suchmaschine.

3. Da Google+ bei jeder Suchanfrage komplett mit durchsucht wird, bieten sich hier spannende Optionen, die eigene Sichtbarkeit in der Suchmaschine zu erhöhen.

Wer über G+ spricht, spricht fast immer auch über Suchmaschinenoptimierung (Search Engine Optimization, SEO). Damit sind Maßnahmen gemeint, die dazu beitragen, dass eine Webseite möglichst weit oben in den unbezahlten Suchergebnissen einer Suchmaschine erscheint. Aber wird man dem Netzwerk damit gerecht? Ist Google+ nur ein verlängerter Arm der Suchfunktion? Keineswegs.

Richtig ist, dass sich Google schon immer bemüht hat, eine möglichst einfache Suchfunktion anzubieten. Das dürfte wesentlicher Bestandteil des enormen Unternehmenserfolgs sein. Und diese Philosophie wird auch bei Google+ spürbar: Einfachheit ist das Prinzip, das allem zugrunde liegt. So lassen sich die eigenen Kontakte beispielsweise in sogenannten Kreisen organisieren, die deutlich einfacher zu handhaben sind als das Kontaktmanagement jedes anderen sozialen Netzwerks.

Der sonstige Funktionsumfang gleicht dem von Facebook, da gibt es beispielsweise Spiele und eine Chatfunktion, die bei Google+ „Hangout" heißt und zusätzlich die Option zum Videochat anbietet. Vergeblich sucht man bei Google+ eigentlich nur Gruppen, die es in allen anderen Netzwerken gibt.

Kontakte qualifizieren

Ein Kontakt bei Google+ ist nicht vergleichbar mit einer Freundschaft bei Facebook oder einer Verbindung bei Xing oder LinkedIn. Ähnlich wie bei Twitter können Sie sich einseitig entscheiden, jemanden in Ihre Kreise aufzunehmen und damit seine Neuigkeiten zu abonnieren. Dazu besuchen Sie sein Profil und klicken auf den roten Button „Zu meinen Kreisen hinzufügen". Wenn Sie mehrere Kreise angelegt haben, wählen Sie aus, in welche dieser Kreise die jeweilige Person integriert werden soll. Von diesem Moment an werden Sie mit den öffentlich sichtbaren Meldungen dieser Person versorgt. Die Einschränkung „öffentlich sichtbar" besteht zunächst, weil die andere Person Sie zu diesem Zeitpunkt noch in keinen ihrer Kreise aufgenommen hat. Daher sind Sie von deren nicht öffentlicher Kommunikation ausgeschlossen. Genau das ist der Clou bei Google+: Jeder Nutzer entscheidet selbst, welchem seiner Kreise er eine Neuigkeit zur Verfügung stellt.

Anhand eines einfachen Beispiels wird deutlich, wie das funktioniert: Wenn Sie Ihre private und Ihre berufliche Kommunikation trennen möchten, legen Sie zwei Kreise an. Einen nennen Sie vielleicht „Freunde", den anderen „Kunden". Nun können Sie beliebig viele Menschen einem dieser Kreise oder auch beiden zuordnen. Jedes Mal, wenn Sie eine neue Meldung absenden, wählen Sie aus, welcher Kreis diese zu sehen bekommen soll. Wichtig: Nur weil Sie jemanden in einen Ihrer Kreise einsortiert haben, heißt das noch lange nicht, dass der andere dasselbe mit Ihnen macht! Es ist also möglich, dass Personen zu Ihren Kreisen gehören, die theoretisch sehen könnten, was Sie senden, es effektiv aber nicht tun, weil sie Sie nicht abonniert haben.

Die Verbindungen bei Google+ sind also eher lose und davon bestimmt, dass sich zwei Personen gegenseitig folgen wollen, weil beide voneinander glauben, dass der jeweils andere etwas Spannendes zu berichten hat. Um den Kreisen anderer Nutzer hinzugefügt zu werden, müssen Sie also regelmäßig relevante Informationen liefern.

Da ein G+-Mitglied immer eine Mitteilung erhält, wenn jemand anders es seinen Kreisen hinzugefügt hat, wirkt hier manchmal auch einfach das Neugier-Prinzip: Wer nicht Unmengen von Anfragen bekommt, reagiert auf eine solche Mitteilung mit Interesse, schaut sich das Profil des Gegenübers an und fügt es gegebenenfalls seinen eigenen Kreisen hinzu. Das kennen Sie vielleicht schon von Twitter. Allerdings ist es hier nicht möglich, nur Teile der eigenen Follower zu informieren, geschweige denn überhaupt Teilöffentlichkeiten zu definieren.

Gut zu wissen

WIE WIRD BEI GOOGLE+ EINE DIREKT-NACHRICHT VERSCHICKT?

Um Direktnachrichten zu versenden, gibt es bei G+ keinen Knopf, hier müssen ausgetretene und aus anderen Netzwerken bekannte Pfade verlassen werden. Zum Übermitteln einer Nachricht an eine einzelne Person empfiehlt sich folgende Handlungsweise: Verfassen Sie eine ganz normale Statusmeldung, nennen Sie den gewünschten Empfänger mit „@Nutzername" im Text und reduzieren Sie die Sichtbarkeit der Meldung auf genau diese Person. Nun wird der Empfänger darüber informiert, dass ein Beitrag über ihn und mit ihm geteilt wurde. Da er der einzige ist, der diesen sehen kann, funktioniert diese Meldung wie eine Direktnachricht.

Kundengewinnung

Je genauer Sie Ihre Zielgruppe kennen, desto besser wird es Ihnen gelingen, sie anzusprechen. Über Google+ erreichen Sie auf den ersten Blick eine eher technologieorientierte Nutzerschaft, doch die Gesamtzahl der Mitglieder spricht dafür, dass hier ebenso viele andere Zielgruppen anzutreffen sind und die Akzeptanz dieses Netzwerks insgesamt sehr hoch ist. Dafür spricht auch, dass die beiden Autoren dieses Buches ihre größte Reichweite bei Google+ erzielen – obwohl sie dort eher zurückhaltend präsent sind.

Wer bei G+ neue Kunden gewinnen möchte, muss zunächst einmal in die Kreise der infrage kommenden Personen gelangen. Nur so kann er eine entsprechende Reichweite für seine Informationen aufbauen. Wie bei Facebook gelingt dies insbesondere über die Teilnahme an öffentlichen Diskussionen und den regelmäßigen Output relevanter und spannend aufbereiteter Informationen. Neben Text- und Bildbotschaften stellt Google+ dafür die sogenannten Hangouts zur Verfügung. Dabei handelt es sich um Videochatkonferenzen zwischen mehreren G+-Nutzern. Getreu dem Networking-Motto „erst geben, dann nehmen" könnte der bereits an früherer Stelle eingeführte Grafiker beispielsweise regelmäßige Problemlöse-Sprechstunden zu seinen Kernthemen anbieten und so kontinuierlich etwas für seine Reputation tun.

Wer es weniger extrovertiert mag, setzt auf die suchmaschinenoptimierende Wirkung des „+1"-Buttons, der dem „Gefällt-mir"-Button bei Facebook entspricht. Er lässt sich in jede beliebige Webseite integrieren und befindet sich unter jedem einzelnen G+-Beitrag. Wer ihn anklickt, signalisiert seinen

Kontakten damit, dass er den entsprechenden Beitrag für empfehlenswert hält. Mit vielen +1 versehene Beiträge erhalten einen prominenten Platz in den Google-Suchergebnissen, was dazu beiträgt, dass deren Autoren besser gefunden werden.

Eigenwerbung und Informationstransfer

Auch bei Google+ können Sie sowohl über ein Personen- als auch über ein Unternehmensprofil informieren, die Unterschiede sind hier jedoch nicht ganz so stark wie bei Facebook. Das ist aufgrund der anderen Vernetzung über die Kreise allerdings auch nicht von so großer Bedeutung.

Ein persönliches Profil setzt sich aus zahlreichen selbsterklärenden Formularfeldern zusammen, in die Sie alle relevanten Informationen zu Ihrer Person und Ihrem Angebot eintragen können. Am freiesten sind Sie dabei im „Über-mich"-Bereich. Daneben gibt es einen Bereich für Fotos und einen für Videos. Letzterer ist sehr eng mit dem Angebot von YouTube verzahnt, das ebenfalls zur Google-Familie gehört. Ein Unternehmensprofil (also eine Google+-Seite) muss von einer natürlichen Person (also einem Personenprofil aus) angelegt werden, kann aber mehrere Administratoren haben. Aufbau und Struktur unterscheiden sich nicht von denen eines Personenprofils. Um Spam zu vermeiden, kann eine Seite jedoch nur Personen in ihre Kreise aufnehmen, die diese Seite bereits selbst hinzugefügt haben. Beide Profilarten werden in der Google-Suche an recht prominenter Stelle eingeblendet. Dies führt zu einem guten Suchergebnis bei Google, das noch vor anderen Suchergebnissen zu Ihrem (Firmen-)Namen in der Liste steht.

Wer Ihr G+-Profil besucht, sieht als Erstes Ihre Beiträge, also die regelmäßigen Status-Updates, mit denen Sie Ihre Leser versorgen. Wie in den anderen Netzwerken auch geht es darum, mit einer ausgewogenen Mischung aus Eigenwerbung, Information und Unterhaltung auf sich aufmerksam zu machen und die gewonnene Leserschaft bei der Stange zu halten.

Eine neue Funktion, mit der Google+ den Austausch zwischen seinen Mitgliedern unterstützt, sind die Communitys. In diesem noch sehr jungen Bereich (er ist erst im Dezember 2012 gestartet) besteht die Möglichkeit, auf der

Ebene von Themen Gleichgesinnte zu erreichen oder den Dialog zu suchen. Das Ganze ist vergleichbar mit den Gruppen bei Facebook. Jeder Google+-Nutzer kann solch eine Community eröffnen oder den öffentlichen Communitys beitreten. Neben den öffentlichen gibt es private Communitys, in die man von anderen eingeladen wird.

Recherche

Hinter G+ steckt die größte Suchmaschine der Welt, das Thema Recherche ist dem Netzwerk also gewissermaßen in die Wiege gelegt. Wie bei Facebook funktioniert die direkte Suche innerhalb des Netzwerks am besten über einen Namen. Sobald es weiter in die Tiefe gehen soll, verlässt die Suchfunktion das Netzwerk und setzt auf die eigentliche Google-Suchmaschine.

Gut zu wissen

SO HOLEN SIE DAS OPTIMUM HERAUS

Wer nach einem sehr ungewöhnlichen Begriff sucht, wird bei Google schnell fündig, indem er diesen einfach in das zentrale Suchfeld eingibt – alle anderen Suchenden werden mit Tausenden von Ergebnissen überflutet. Mit folgenden Tricks grenzen Sie die Suche von vornherein so ein, dass Sie (nur) das finden, was Sie auch wirklich wollen:

1. Schreiben Sie „einen bestimmten Ausdruck" in Anführungszeichen, um nur diejenigen Seiten zu finden, auf denen genau dieser Text enthalten ist.
2. Ein Sternchen fungiert als Platzhalter: Über einen „Ausdruck" finden Sie sowohl Ergebnisse zu einem „perfekten Ausdruck" als auch zu einem „unscharfen Ausdruck".
3. Mit einem Minuszeichen vor einem Begriff können Sie festlegen, welche Begriffe Ihrer Suchanfrage nicht im Ergebnis vorkommen sollen.
4. Wenn Sie eine Webseite finden, die Ihnen gefällt, geben Sie „related:SeitenURL" in der Google-Suche ein – schon werden Ihnen ähnliche Webseiten angezeigt.
5. Setzen Sie „definiere" vor den Begriff, den Sie definiert haben wollen.

Sie möchten Dinge finden, nach denen Sie eigentlich gar nicht suchen, die aber trotzdem spannend für Sie sein könnten? Dann lohnt sich ein Klick auf „Entdecken" in der senkrechten Menüleiste links: G+ errechnet anhand Ihres Nutzerverhaltens, welche Informationen für Sie spannend sein könnten, und blendet diese ein.

Anbahnung neuer Kontakte

Die Suche nach Kooperationspartnern gestaltet sich auf Google+ ganz ähnlich wie bei Facebook: Entweder Sie lassen sich aufgrund Ihres attraktiven Profils finden oder Sie machen sich auf die Suche nach Gleichgesinnten. Am besten funktioniert das anhand der +1 oder der Kommentare zu interessanten Beiträgen; damit finden Sie schnell heraus, wer ähnlich tickt wie Sie. Da die Diskussionen bei Google+ meist deutlich engagierter und ausführlicher ausfallen als bei Facebook, gibt es in diesem Bereich auch deutlich mehr zu entdecken als beim „Blauen Riesen".

Die Experten streiten häufiger darüber, ob dies an der Technologie der Kreise liegt oder ob es etwas mit der Struktur der Nutzer zu tun hat. Fast durchgängig hört man jedoch die subjektive Bewertung, dass die Beteiligung und der daraus entstehende Dialog bei Google+ etwas nachhaltiger seien als bei Facebook. Hier sollten Sie aber genau schauen, in welchem Netzwerk sich Ihre Zielgruppe präziser erreichen lässt, denn pauschalisieren lassen sich diese Bewertungen aus unserer Sicht nicht.

Bezahlte Reichweite

Als alter Hase im Online-Geschäft schlägt Google mit G+ einen vollkommen neuen Weg ein: Direkte Werbung innerhalb des Netzwerks gibt es bisher nicht. Wer sich auf bezahltem Weg ins Bewusstsein der Nutzer bringen möchte, tut das direkt in der Suchmaschine, über die „Google Adwords". Dabei handelt es sich um Textanzeigen, die (mit der Überschrift „Anzeige" gekennzeichnet) über oder neben den normalen Suchergebnissen präsentiert werden –

und zwar dann, wenn Sie thematisch zum Inhalt der Suchanfrage passen. Der Werbende hinterlegt zu diesem Zweck Stichwörter (die sogenannten Keywords), unter denen die von ihm selbst erstellten Anzeigen bei Google erscheinen sollen. Alle hierzu notwendigen Einstellungen nimmt der Inserent selbst vor.

Gezahlt wird auch hier nur, wenn die Anzeige angeklickt wird. Genauer gesagt geht das so: Sie als Werbender legen Ihr Monatsbudget fest und bieten einen Maximalpreis an, den Sie pro Klick zu zahlen bereit sind. An welcher Stelle auf der Seite und wie oft Ihre Anzeige eingeblendet wird, hängt davon ab, wie viel Sie zu zahlen bereit sind. Dabei ist zu bedenken, dass der Preis für viel gebuchte und viel gesuchte Keywords wie „Private Krankenversicherung" natürlich deutlich höher ist als für selten gesuchte Begriffe wie „Drehspindel".

Da das AdWords-Konzept auch für online-affine Menschen ein wenig gewöhnungsbedürftig ist, bietet Google beim Einstieg telefonische Unterstützung an: Unter 0800 5894300 stehen Ihnen die Google-Experten kostenfrei zur Verfügung und unterstützen Sie bei der Gestaltung und Optimierung Ihrer ganz persönlichen Google-AdWords-Kampagne.

Kapitel 9

Twitter - das Echtzeitnetzwerk mit den 140 Zeichen

Twitter (englisch für „Gezwitscher") nennt sich selbst ein **„Echtzeit-Informationsnetzwerk"**. Dahinter verbirgt sich eine im Jahr 2006 entwickelte Anwendung, die im Wesentlichen auf der Verbreitung von **140 Zeichen** langen Textnachrichten über eine **Internetplattform** beruht. Nach der kostenlosen Anmeldung unter www.twitter.com kann jeder Nutzer sofort loslegen und zum Publizisten werden – deshalb spricht man hier auch von **„Microblogging"**, also Blogging im Kleinformat.

Über Twitter

Mehr als 500 Millionen Menschen (Stand: Oktober 2012) sind bei Twitter aktiv: Mittels „Tweet" genannter Textnachrichten verweisen sie auf ihre Webseiten, promoten ihre Dienstleistungen, teilen ihre Beobachtungen oder verbreiten ihre Meinungen. Wer diese Nachrichten abonnieren will, wird zum „Follower" des jeweiligen Nutzers und bekommt dessen Nachrichten künftig automatisch angezeigt. Anders als bei vielen anderen Netzwerken lassen sich die Nachrichten anderer User abonnieren, ohne dass diese zustimmen müssen. Damit ist Twitter deutlich offener als die meisten anderen Netzwerke und wird jeder Tweet zu einer öffentlichen Angelegenheit. Und nur so kann man mit einem Tweet (je nach Followerzahl) mehrere Hundert oder Tausend Menschen erreichen.

Funktionalität/Alleinstellungsmerkmal

Es gibt kein schnelleres Netzwerk als Twitter und keinen aktuelleren Nachrichtenkanal. Wenn irgendwo der Strom ausfällt, ein Prominenter stirbt, ein Hurrikan anrollt oder ein politischer Umsturz passiert – in Echtzeit wird darüber auf Twitter berichtet. Und zwar nicht nur von den klassischen Medien, sondern von allen, die es betrifft oder die sich an einer Diskussion zum Thema beteiligen möchten. Das bedeutet auch: Schneller als man denkt, ist ein Unternehmen oder Freiberufler Teil dieser Diskussion. Zufriedene oder unzufriedene Kunden greifen in Sekundenschnelle zum Smartphone und setzen einen Tweet ab – und schon beginnt das öffentliche Gerede.

Hierin liegt eine große Gefahr, aber gleichzeitig auch eine große Chance: Wer das Netzwerk mit wirklich spannenden Informationen versorgt, kann zusehen, wie sich diese in Sekundenbruchteilen lawinenartig weiterverbreiten. Eine solche Lawine verbreitet sich typischerweise in vier Wellen.

Welle 1: Ihr Tweet wird von Ihren Followern zur Kenntnis genommen.

Welle 2: Wenn Ihre Follower diesen Tweet spannend finden, geben sie ihn an ihr eigenes Netzwerk weiter. Das funktioniert über einen sogenannten Retweet, eine Art öffentliches Zitat. Um einen Retweet zu markieren, stellen Sie dem Zitat das Kürzel „RT" voran und erwähnen den zitierten Twitterer. Das sieht dann so aus: „RT @Klara_Mustermann Diesen Tweet muss man einfach retweeten." Schon lesen nicht nur die Follower von Klara, sondern auch alle Ihre Follower den ursprünglichen Tweet.

Welle 3: Wollen Sie über ein öffentliches Thema mitdiskutieren, verschlagworten Sie Ihren Tweet mit einem sogenannten Hashtag. So stellen Sie sicher, dass auch Twitter-Nutzer, die nicht Ihre Follower sind, Ihren Tweet zur Kenntnis nehmen. Besonders häufig wird das gemacht, wenn tagesaktuelle Themen oder Veranstaltungen in der Twitter-Szene diskutiert werden, so zum Beispiel anlässlich der Frankfurter Buchmesse mit dem Hashtag #fbm12. Damit dehnen Sie Ihre Reichweite über Ihre Follower und deren Follower hinaus aus.

Welle 4: Jeder Ihrer Tweets ist öffentlich, das komplette Twitter-Universum kann also über die Volltextsuche auf Sie stoßen. Wer geschickt die für ihn relevanten Schlüsselbegriffe in seine Tweets integriert, wird im Idealfall von seinen Zielgruppen gefunden, statt diese suchen zu müssen.

Gut zu wissen

WAS MACHT DAS @ IN EINEM TWEET?

Mit einer „@Erwähnung" richten Sie sich direkt an einen einzelnen Twitterer. Aber Achtung: Es geht dabei nicht um private Nachrichten, sondern um eine öffentliche Erwähnung, über die der Adressat zwar informiert wird, die jedoch von jedem gelesen werden kann. Wenn Sie eine private Nachricht versenden wollen, setzen Sie statt des @ einfach ein kleines d (plus Leerzeichen) vor den jeweiligen Usernamen. Private Nachrichten können Sie aber nur – anders als die @Erwähnungen – an Ihre Follower versenden.

Übersichtlicher geht es kaum: Alle vier Wellen sowie einen kompletten Überblick über das aktuelle Twitter-Geschehen erhalten Sie – sofern Sie angemeldeter Twitter-Nutzer sind – auf der Startseite unter www.twitter.com.

Ein typisches Twitter-Profil offenbart nicht nur alle bisher vom jeweiligen Nutzer veröffentlichten Tweets, sondern auch deren genaue Anzahl sowie die Anzahl an Personen, die dem Nutzer folgen und von ihm verfolgt werden.

→ Im Zentrum dieser Seite steht die sogenannte Timeline, der Nachrichtenstrom eines Twitter-Nutzers. Hier fließen sämtliche Tweets der Menschen und Unternehmen, denen Sie folgen, zusammen.

→ In der Box links daneben sehen Sie die Zahl Ihrer bereits veröffentlichten Tweets. Außerdem finden Sie hier Ihre Follower und die Menschen, denen Sie folgen.

→ Direkt darunter befindet sich das Formularfeld zum Eingeben eines neuen Tweets. Hier können Sie alles unterbringen, was in 140 Zeichen Platz findet.

→ In der waagerechten Menüleiste ganz oben finden Sie Ihre @Erwähnungen und den Bereich „#Entdecken", der zu den aktuell aktivsten Diskussionen in der Twitter-Welt führt und spannende Themen und Personen vorschlägt.

→ Zu Ihren Direktnachrichten kommen Sie über einen Klick auf den kleinen Pfeil neben dem Schattenriss ganz oben rechts.

Damit kennen Sie auch schon die wesentlichen Funktionen von Twitter und können loslegen!

●●●   **Tipp**

●●●

Kundengewinnung

Kundengewinnung über Twitter heißt zunächst einmal, Follower zu gewinnen: Nur wer Ihnen folgt, kann Ihre Botschaften zur Kenntnis nehmen. Doch wie genau kommt man denn an Follower?

→ Zum Start bietet es sich an, zunächst die Leute wiederzufinden, die Sie schon aus anderen Netzwerken oder realen Begegnungen kennen. Dazu können Sie entweder im Suchfeld ganz gezielt den Namen einer Person eingeben oder auf den Menüpunkt „#Entdecken" klicken. Unter „Freunde finden" gibt Twitter Ihnen zahlreiche Tools an die Hand, um Ihre vorhandenen Kontakte bei Twitter wiederzufinden.

→ Unter „Kategorien durchsuchen" können Sie Themen eingeben, die Sie spannend finden. Twitter schlägt Ihnen dazu passende Nutzer vor.

→ Und natürlich folgen Sie zu Beginn jedem Twitter-Nutzer, der Ihr Follower wird!

Der letzte Punkt beschreibt, wie Sie am einfachsten an Follower kommen: Die meisten Twitter-Nutzer werden Ihnen ebenfalls folgen, wenn Sie deren Follower werden. Nach einem kurzen Blick auf Ihr Profil fällt die Entscheidung für oder gegen Sie, achten Sie also darauf, dass Sie vor Ihren ersten Aktivitäten bei Twitter über ein vorzeigbares Profil verfügen (mehr dazu weiter unten) und erste spannende Tweets vorzuweisen haben.

Ein anderer Weg, ganz gezielt die Aufmerksamkeit einzelner Twitterer zu wecken, ist die Arbeit mit Retweets und @Erwähnungen: Mit Zitaten oder direkten Empfehlungen lassen sich echte Beziehungen aufbauen oder vertiefen. Die Kundengewinnung erfolgt hier also weniger direkt als beispielsweise bei Xing. Wer aber dauerhaft kompetent in Erscheinung tritt, wird nach einer gewissen Zeit mit ersten Projektanfragen rechnen können.

Im Gespräch

• •

„Sei kreativ oder stirb!" Nach diesem Motto lebt und arbeitet die freiberufliche Grafikdesignerin **Michaela von Aichberger** in Erlangen und „Twitterhude" – so nennt sie ihr virtuelles Zuhause bei Twitter. Seit 2009 begeistert sie dort unter dem Namen „Frauenfuss" Ihre Follower – einen nicht unerheblichen Teil von ihnen hat sie mittlerweile gemalt. Wie das kommt und worin sie ihren Twitter-Erfolg begründet sieht, verrät sie im Interview.

Warum ist Twitter das richtige Netzwerk für Sie?
Weil dieses Netzwerk nicht total überladen ist und ich mich deshalb nicht so leicht ablenken lasse. Hier spielt keiner Farmville oder sendet mir die hundertste Event-Einladung – ein Satz und ein Link genügen.

Das heißt, Sie nutzen dieses Netzwerk sehr diszipliniert?
Am Anfang habe ich viel zu viel Zeit damit vertrödelt, mittlerweile bleibt es im Schnitt bei etwa einer halben Stunde am Tag. Man muss sich ganz klar beschränken, um die Informationsflut bewältigen zu können – dafür benutze ich gerne Listen. Und ich agiere nach dem Grundsatz „Erst die Kunden, dann Twitter".

Aber finden Ihre Kunden Sie nicht gerade auch über Twitter?
Auf jeden Fall: Ich habe etliche Aufträge im fünfstelligen Euro-Bereich über Twitter bekommen. Witzigerweise sind diese Kunden gar nicht die typischen Twitterer, mit denen ich in regem Austausch stehe, sondern eher die stillen Mitleser, die meine Arbeitsproben im Blog angucken und sich dann plötzlich bei mir melden.

Was ist Ihr größter Erfolg über Twitter?
Ganz klar mein IMMF-Projekt, mit dem ich eine unglaubliche mediale Präsenz erreicht habe.

Was müssen wir uns darunter vorstellen?
Als ich ganz neu bei Twitter war, habe ich vor allem auf witzige Beiträge, Artikel und Videos anderer Menschen verlinkt, bis mir irgendwann auffiel, dass ich doch selbst kreativ bin. Also habe ich angefangen, mein Tagebuch – das eigentlich nur aus Zeichnungen besteht – abzulichten und bei Twitter zu präsentieren. Irgendwann tauchte dann einer meiner Twitter-Follower in diesem Tagebuch auf, ich kommentierte das mit „Ich male meine Follower!" (IMMF!). Und dann wurde ich plötzlich mit Anfragen überrannt, alle meine Follower wollten von mir gemalt werden. Daraus entstand dann dieses immer noch laufende Projekt.

Wie haben Sie davon profitiert?
Das Projekt wurde deutschlandweit an sieben Standorten ausgestellt, Hunderte von Besuchern waren da, sämtliche Medien haben darüber berichtet. Und ich habe ganz viele meiner Follower endlich im richtigen Leben kennengelernt!

Verraten Sie uns zum Abschluss noch Ihren ultimativen Twitter-Tipp für Existenzgründer und Selbstständige?
Mein Beispiel zeigt ganz deutlich, wie wichtig eigener Content ist. So wenige Leute machen wirklich etwas Eigenes! Wer aber immer nur den Kram anderer Leute wie-

derkäut, wird nie von anderen gefeatured oder schafft es in die Presse. Dazu gehören natürlich ein gewisses Maß an Kreativität und der Mut, an die Öffentlichkeit zu gehen.

Und was machen diejenigen, die keinen kreativen Beruf haben?
Jeder kann kreativ sein: Leben heißt, kreative Ideen zu entwickeln. Es geht darum, seinen Alltag mit Sahnehäubchen und bunten Streuseln zu versehen, und das ist auch ohne kreativen Beruf möglich. Genau damit hebt man sich von allen anderen ab.

● ●

Eigenwerbung und Informationstransfer

Michaela von Aichberger nennt es „Sahnehäubchen und bunte Streusel", wir nennen es „Content". Doch was genau ist für die Twitter-Welt spannender Content? Wie können Sie sich und Ihr Unternehmen als Experte positionieren?

Bevor Sie allzu viel Energie in Ihre Tweets stecken, sollten Sie zunächst die Basisarbeit leisten. Bei Twitter bedeutet das: die Erstellung eines aussagekräftigen Profils. Im Einzelnen stehen Ihnen dazu folgende Elemente zur Verfügung.

Benutzername

Der Benutzername wird in den meisten Fällen der Klarname sein. Wenn Sie sich jedoch schon unter einem Spitz- oder Unternehmensnamen bekannt gemacht haben, empfiehlt es sich, diesen auch beim Twittern zu benutzen. So finden bereits bestehende Kontakte Sie leichter wieder. Erliegen Sie nicht der Versuchung, sich als „Klaus Mustermann, der XY-Experte Nummer 1" zu bezeichnen. Ihr Name ist immer auch Bestandteil jedes Retweets und würde in diesem Fall deutlich zu viele der knappen 140 Zeichen verbrauchen.

Profilbild

Für Ihr Profilbild gilt prinzipiell das Gleiche wie in allen sozialen Netzwerken: Seriös sollte es sein. Ganzkörperaufnahmen sind nicht geeignet, weil darauf fast nichts von Ihrem Gesicht zu erkennen ist.

Das Feld „Bio"

An dieser Stelle stehen Ihnen 160 Zeichen für eine aussagekräftige Selbstdarstellung zur Verfügung. Viele Twitterer sind wegen des Platzmangels dazu übergegangen, Tätigkeitsbezeichnungen oder Schlagwörter aufzuführen. Wir finden aber, dass eine Prise Humor oder die eine oder andere private Angabe sicher auch nicht schaden können.

Corporate Design

Unter „Profil bearbeiten/Design" können Sie aus einer Vielzahl von voreingestellten Twitter-Hintergründen das Passende für Ihr Profil auswählen. Im Idealfall laden Sie ein individuelles Hintergrundbild im Corporate Design hoch. Zudem können Sie hier weitere Informationen zu sich und Ihrem Angebot unterbringen.

Die Vorarbeit ist gemacht, aber wie gelingt es, sich mit spannenden Tweets interessant zu machen? Täglich werden zum Beispiel Millionen von Tweets über Kaffeekonsum und Mittagsgerichte veröffentlicht. Das kann zwar eine gewisse Nähe erzeugen, sollte aber nicht der einzige Inhalt Ihrer Twitter-Aktivitäten sein. Andererseits ist Twitter auch kein plumper Werbekanal – wer platte Vertriebsbotschaften in die Welt schickt, wird seine ersten Follower sehr schnell wieder verlieren. Der Ausweg aus diesem Dilemma hat einen Namen: Mehrwert. Und der kann beispielsweise so aussehen:

→ Helfen Sie anderen weiter. Wenn Sie über die Suche oder in Ihrem Netzwerk mit Fachfragen konfrontiert werden, die Sie beantworten können:

Tun Sie es! Regen Sie andersherum den Dialog an, indem Sie Fragen stellen und/oder zum Retweet auffordern. Sie werden überrascht sein, wie hilfsbereit die Twitter-Szene ist.

→ Verlinken Sie auf spannende Web-Inhalte aus Ihrer Branche. Wer das regelmäßig tut, wird von seinen Followern als spannende Informationsquelle wahrgenommen und häufig retweetet.

→ Im Idealfall verlinken Sie auf eigene Inhalte (Ihres Blogs oder Ihrer Webseite). Betrachten Sie Twitter dabei wie einen Schlagzeilenkanal: Je besser die Headline, desto eher der Klick. (Und ganz nebenbei tun Sie mit diesen Verweisen etwas für die Suchmaschinenoptimierung Ihrer verlinkten Seiten.)

→ Zeigen Sie sich dialogorientiert! Gehen Sie großzügig mit @Erwähnungen und Retweets um. Reagieren Sie schnell, wenn Sie direkt angesprochen oder erwähnt werden.

→ Und natürlich dürfen, ja sollten Sie Ihre Follower zwischendurch auch unterhalten – am besten mit amüsanten Anekdoten aus Ihrem Arbeitsalltag oder einer gehörigen Portion Selbstironie.

Tipp

•••

WARUM AUCH 140 ZEICHEN NOCH ZU VIEL SIND
Wenn Sie möchten, dass Ihre Tweets eins zu eins retweetet werden, empfiehlt es sich, nur 120 bis 130 Zeichen zu schreiben. So stellen Sie sicher, dass das vorangestellte „RT @Ihr_Name" noch Platz im Retweet findet.

•••

Recherche

Willkommen bei der Twitter-Königsdisziplin! YouTube ist (nach Google) die zweitgrößte Suchmaschine der Welt, Twitter ganz ohne Frage die schnellste. Doch wie und wo entdecken Sie bei der Unmenge an veröffentlichten Tweets die für Sie relevanten Inhalte?

Der Schlüssel zum Erfolg ist das Suchfeld ganz oben auf Ihrer Twitter-Seite – wenn Sie hier einen Suchbegriff eingeben, werden Ihnen alle Tweets angezeigt, die diesen enthalten. Bei Bedarf können Sie sich bei den Ergebnissen auch Personen (statt Tweets) anzeigen lassen. Sollte diese Suche nicht genügen, steht Ihnen zusätzlich die erweiterte Suche zur Verfügung, die Sie über das kleine Rädchen rechts oben auf der Suchergebnisseite erreichen. Zusätzlich haben Sie hier die Möglichkeiten, Suchanfragen zu speichern, sodass Sie die für Sie relevanten Begriffe (Ihren Firmen- oder Produktnamen, Ihr Spezialthema, Ihre Wettbewerber …) nicht immer neu eingeben müssen.

Ein guter Weg, keine Informationen zu einem Thema oder zu einer Veranstaltung zu verpassen, ist das Beobachten bestimmter Hashtags. Über den Hashtag #dmexco behalten Sie beispielsweise den Überblick über sämtliche Tweets zur „digital marketing exposition & conference" und erfahren so alles Wesentliche über die Inhalte und Trends der Veranstaltung, ohne selbst dabei zu sein.

Wenn Sie den Überblick über Ihre Follower behalten oder diese thematisch sortieren möchten, empfiehlt sich die Arbeit mit den sogenannten Listen: Hier gruppieren Sie interessante Twitterer nach eigenem Gutdünken unter Namen wie „Freunde", „Ex-Kollegen", „Fach-Experten" oder „Golfspieler". Sie können bis zu 500 Listen anlegen und bei jeder einzelnen entscheiden, ob Sie diese privat nutzen oder öffentlich machen wollen. Sehr praktisch: Öffentliche Listen können auch von anderen Twitter-Nutzern abonniert werden. So müssen Sie möglicherweise nicht mehr alle Physiker in der Twitter-Welt zusammensuchen, sondern abonnieren einfach eine entsprechende Liste, die jemand anderes bereits erstellt hat. Sehr schön: Sie können auch Leute, denen Sie nicht folgen, in Listen aufnehmen – eine spannende Möglichkeit, um die Konkurrenz im Blick zu behalten.

Anbahnung neuer Kontakte

Nirgendwo ist es einfacher, auf Augenhöhe zu kommunizieren: Bei Twitter tauschen sich Studierende mit Geschäftsführern aus, Hausfrauen mit Social-Media-Experten. Über die Suche finden Sie schnell relevante und spannende

Kontaktpersonen (siehe oben). Die Kunst bei Twitter ist es aber vielmehr, diese auf sich aufmerksam zu machen. Auch hier lautet das Schlüsselwort: Dialog. Mit @Erwähnungen und Retweets zollen Sie anderen Twitter-Nutzern Respekt und provozieren eine Reaktion. Im Idealfall entsteht so nach und nach eine Beziehung, die zu beiderseitiger Neugier führt und dann im „echten Leben" intensiviert wird. Im Rahmen sogenannter „Twittagessen" (www.twittagessen.de) oder „Twittwoche" (www.twittwoch.de) lernen interessierte Twitter-Nutzer sich außerhalb des Netzes kennen. Im Idealfall twittern sie darüber, während die Veranstaltung stattfindet.

Eine Sonderform der Erwähnung beziehungsweise Empfehlung auf Twitter ist der „FollowFriday". Dabei handelt es sich um eine auf Twitter etablierte Tradition, freitags auf besonders folgenswerte Twitterer hinzuweisen, immer verbunden mit dem Hashtag #ff. Vermeiden Sie dabei eine schlichte Auflistung der von Ihnen empfohlenen Personen und setzen Sie lieber auf eine kurze Erklärung, warum es sich lohnt, einer bestimmten Person zu folgen. Der empfohlene Twitterer wird es (und Sie) mit Freude zur Kenntnis nehmen.

Beispiel

AUS DER PRAXIS: MIT 140 ZEICHEN ZUM CEO

Heinz W. Warnemann (alias @NetzwerkPilot) sitzt bei der ersten deutschen Prezi Night in Münster. (Prezi ist eine webbasierte Präsentationssoftware, die als Alternative zu PowerPoint gehandelt wird und bei dieser Veranstaltung vorgestellt wird.) Via Skype live dazugeschaltet: der Prezi-CEO aus San Francisco mit einem kurzen Impulsvortrag. Innerhalb weniger Sekunden findet Heinz über die Twitter-Suche heraus, dass der CEO bei Twitter aktiv ist, und setzt den folgenden Tweet ab: „Prezi Night in Münster mit Prezi CEO Peter Arvai @peterarvai, zugeschaltet aus San Francisco. #prezinight #prezi". Aufgrund der @Erwähnung wird Peter Arvai über diesen Tweet informiert und schon kann Heinz sich dessen Aufmerksamkeit sicher sein.

Bezahlte Reichweite

Lange Zeit war Twitter komplett werbefrei, abgesehen von werblich eingefärbten Tweets. Nach und nach hat sich das geändert, aktuell stehen gleich drei Alternativen zur Verfügung:

→ Die Promoted Trends werden hier nur der Vollständigkeit halber erwähnt. Sie kosten mehrere 10.000 Dollar pro Tag und sind damit wohl für kaum einen Existenzgründer oder Kleinunternehmer erschwinglich. Für diese Summe können Sie sich unter die Top Ten der bei Twitter diskutierten Themen einkaufen – zu finden direkt auf der Startseite.

→ Bei den Promoted Tweets handelt es sich um bezahlte Tweets, die optisch hervorgehoben und mit dem Vermerk „Gesponsert" gekennzeichnet werden. Sie erscheinen entweder in den Suchergebnissen, wenn nach bestimmten Schlüsselbegriffen gesucht wird, oder werden in der Timeline der Follower angezeigt.

→ Auch die Promoted Accounts werden den Twitter-Nutzern abhängig von ihren Interessen bei den Suchergebnissen vorgeschlagen. Zusätzlich können Sie sich damit im Bereich „Wem soll ich folgen?" auf der Twitter-Startseite vorschlagen lassen. Auch hier erfolgt die Auswahl der Nutzer, die den Vorschlag zu sehen bekommen, nach einem Algorithmus, der die jeweiligen Interessen berücksichtigt.

Kapitel 10

Warum und wie Sie Netzwerkhygiene betreiben sollten

Auch im bestgepflegten Haushalt sammelt sich nach und nach Staub an: Dunkle Ecken, Keller und Dachböden neigen genauso zur schleichenden Verschmutzung wie häufig genutzte und damit stark beanspruchte Bereiche. In **sozialen Netzwerken** ist das nicht anders: **Unerfahrenheit**, Unachtsamkeit oder veränderte **Ziele** machen von Zeit zu Zeit eine **Kurskorrektur** notwendig, damit Ihr Netzwerk nicht zumüllt und der freie Fluss der Informationen gewährleistet bleibt. Die häufigsten Formen der **Netzwerkverschmutzung** – und die passenden Gegenmittel – präsentieren wir auf den nächsten Seiten.

So werden Sie unerwünschte Kontakte los

Gerade am Anfang, wenn Sie neu in einem sozialen Netzwerk sind und vor allem nach möglichst großer Reichweite streben, werden Sie sehr viele neue Kontakte knüpfen. Im Lauf der Zeit stellt sich dann heraus, dass die eine oder andere Kontaktbestätigung etwas unüberlegt oder vorschnell vorgenommen wurde. Das kann verschiedene Gründe haben.

→ Fall 1: Wer sich aktiv in den verschiedenen sozialen Netzwerken bewegt, lernt immer wieder spannende Menschen kennen. Einige davon werden Teil des eigenen Netzwerks, einfach weil die Chemie stimmt – obwohl man sie noch nie live gesehen oder gesprochen hat. Sie bleiben längere Zeit verbunden, ohne dass tatsächlich etwas zwischen ihnen passiert. Das ist zwar schön, aber wenig zielführend.

→ Fall 2: Wer beispielsweise Moderator einer Gruppe bei Xing ist, erhält aufgrund dieses Engagements immer wieder Kontaktanfragen von Mitgliedern der Gruppe. Es gibt verschiedene Strategien, wie damit umzugehen ist. Einige Moderatoren lehnen pauschal alle Kontaktanfragen von Leuten ab, die sie nicht kennen – das birgt das Risiko, von einigen der „abgelehnten" Anfrager als arrogant eingeschätzt zu werden. Wer das vermeiden will, nimmt diese Kontakte an und markiert sie entsprechend – beispielsweise über ein Tag bei Xing oder durch die Zuordnung zu einer speziellen Liste bei Facebook. Nach einer Weile bewerten Sie, wie viel Ihnen dieser Kontakt gebracht hat, und entscheiden dann, ob sie ihn behalten wollen. Eine dritte Variante ist, sämtliche Kontaktanfragen wahllos anzunehmen – ein Vorgehen, von dem wir dringend abraten. Eine Fülle unerwünschter Informationen und Werbebotschaften wird Sie künftig überfluten, zudem werden Sie schnell selbst als „Kontaktsammler" eingestuft.

→ Fall 3: Sie nehmen temporär Kontakt zu speziellen Berufsgruppen auf – beispielsweise zu Maklern oder Vermietern, da Sie gerade eine neue Wohnung oder ein neues Büro suchen. Sind diese Kontakte nach einer Weile noch so wichtig, dass Sie Teil Ihres Netzwerks sein sollten?

→ Fall 4: Sie trennen sich von einem Geschäfts- oder vielleicht sogar Ihrem Lebenspartner. Wollen Sie es diesen Menschen ermöglichen, weiter aktiv an Ihrem Netzwerkleben teilzuhaben?

Sicherlich fallen Ihnen noch weitere Gründe ein, warum Sie einen bestehenden Kontakt wieder lösen wollen. Im Einzelnen geht das in den verschiedenen Netzwerken wie im Folgenden beschrieben.

Xing

Bei Xing stehen Ihnen zwei Wege zur Verfügung, den Kontakt zu einem anderen Mitglied zu lösen. Entweder Sie besuchen das jeweilige Profil und klicken dort rechts oben unter „Mehr" auf „Kontakt löschen" oder Sie suchen die betreffende Person in Ihrer Kontaktübersicht und klicken auch hier auf „Mehr" und „Löschen". Das erste Vorgehen ist nur bedingt empfehlenswert, da Sie dabei eine Spur auf dem betreffenden Profil hinterlassen und sich so unnötig in Erinnerung rufen. Wenn Sie den Kontakt erhalten wollen, aber von den Meldungen der betreffenden Person genervt sind, gehen Sie auf der Xing-Startseite einfach mit der Maus über eine solche Meldung und klicken auf das kleine „x", das rechts oben erscheint.

Facebook

Bei Facebook klicken Sie im Profil der betreffenden Person einfach unterhalb des Titelbildes auf den Freundschaftsstatus (beispielsweise „Freunde", „Enge Freunde") und dort dann auf „als FreundIn entfernen". Falls Sie nur die Meldungen dieser Person stören, Sie den Kontakt aber beibehalten wollen, können Sie unter den „Einstellungen" beim Freundschaftsstatus auswählen, ob Sie alle, die meisten oder nur wichtige Aktualisierungen dieses Kontakts sehen wollen.

Twitter

Bei Twitter verhält sich das Ganze ähnlich: Neben dem „Folgen" ist hier die Möglichkeit des sogenannten Entfolgens gegeben. Dazu fahren Sie mit der

Maus einfach über das blaue „Folge-ich"-Feld, das dadurch zu einem roten „Entfolgen"-Feld wird. Neben dieser Möglichkeit bietet Twitter die Option, Personen zu blocken und Spam zu melden.

LinkedIn

Bei LinkedIn gestaltet sich die Suche danach, wie sich Kontakte aufheben lassen, etwas schwieriger. Dennoch ist es ganz einfach: Klicken Sie oben in der Leiste auf „Kontakte" und anschließend auf „Adressbuch-Kontakte". Hier haben Sie jetzt die Möglichkeit, einzelne Kontakte zu markieren und dann über die Schaltfläche „Ausgewählte Kontakte löschen" die Verbindung aufzuheben.

Google+

Google+ ähnelt, was die Art und Weise der Kontaktverwaltung angeht, Twitter sehr stark. Da Sie alle Kontakte in Kreise sortiert haben, müssen Sie die zu lösenden nur aus diesen Kreisen herausziehen. Alternativ können Sie auf das entsprechende Profil gehen und dort beim Kontaktstatus die Häkchen neben den entsprechenden Kreisen entfernen.

Gut zu wissen

In keinem der Netzwerke wird die betreffende Person benachrichtigt, wenn Sie den Kontakt lösen. Das schließt allerdings nicht aus, dass Ihr Abschied bemerkt wird – einige Monitoring-Tools können genau ermitteln, welcher Kontakt da gelöst wurde. Machen Sie sich nicht zu viele Gedanken darüber, auch nicht, wenn Sie selbst einer solchen Löschaktion zum Opfer gefallen sind. In den seltensten Fällen ist ein solches Vorgehen persönlich gemeint.

Was interessiert mich mein Geschwätz von gestern?

Auch wenn Sie um nachhaltige und konsequente Kommunikation bemüht sind, stolpern Sie möglicherweise manchmal über unglücklich formulierte Aussagen in leidenschaftlich geführten Gruppendiskussionen oder über Google-Suchtreffer, die Sie in einem falschen Licht präsentieren. Wenn Sie diese im Zuge einer Aufräumaktion aus dem Netz verschwinden lassen wollen, stehen zwei Möglichkeiten zur Verfügung:

1. Sie bitten den Moderator der jeweiligen Gruppe, Ihren Beitrag zu löschen.
2. Sie verstecken Ihre nicht so schönen Beiträge zwischen ganz vielen sehr schönen. Je häufiger Sie sich im Internet zu Wort melden, desto weiter nach hinten rücken Ihre älteren Aussagen in den Suchmaschinen. Damit ist zwar nichts wirklich verschwunden oder vergessen, aber diese Einträge sind dann sehr viel schwerer zu finden.

Streit im Web 2.0

Ein eher deutsches Phänomen sind öffentliche Streitereien im Internet, explizit in Foren und Gruppen verschiedener sozialer Netzwerke. Ein Wort gibt das andere und schon sind Sie in eine hässliche Grundsatzdiskussion verwickelt – und das vor den Augen der Öffentlichkeit. Zumindest der letzte Aspekt lässt sich jedoch abmildern: Wenn Sie merken, dass eine öffentliche Diskussion einen unglücklichen Verlauf anzunehmen droht, hat es sich bewährt, in einen nicht öffentlichen Raum zu wechseln. Das geht beispielsweise ganz altmodisch per Telefon, auch per E-Mail oder privater Nachricht innerhalb der verschiedenen Netzwerke.

•••••••••••••••••••••••••••••••••••••• **Tipp**

LASSEN SIE SICH NICHT PROVOZIEREN

Mit ein bisschen Pech geraten Sie im Rahmen einer Gruppendiskussion an einen sogenannten Troll: einen Menschen, der es ganz bewusst darauf anlegt, andere Diskussionsteilnehmer zu provozieren. Sie erkennen einen Troll daran, dass er keinerlei sachbezogene oder konstruktive Beiträge zur Diskussion liefert, sondern sich ausschließlich auf die Provokation beschränkt. Am besten gehen Sie auf solche Beiträge gar nicht ein und geben dem Troll damit nicht die Aufmerksamkeit, die er erheischen möchte. In der Netzkultur hat sich für dieses Vorgehen die Phrase „Don't feed the trolls" durchgesetzt.

● ●

Im Idealfall kommt es überhaupt nicht so weit, dass Sie auf einen privaten Kommunikationskanal wechseln müssen. Um eine Eskalation von Diskussionen zu vermeiden, empfiehlt sich die erste Regel, die für jeden Internetnutzer gilt: erst denken, dann klicken. Auch wenn ein Thema Sie stark berührt oder in Rage bringt, denken Sie vor dem Absenden Ihres Kommentars kurz nach, ob das, was Sie gerade geschrieben haben, auch in ein paar Jahren noch unter Ihrem Namen im Netz zu finden sein soll.

Machen Sie sich klar: Oft sind einfache Missverständnisse die Ursache dafür, dass ein Schlagabtausch eskaliert. Dafür verantwortlich ist in vielen Fällen die Mehrdeutigkeit geschriebener Sprache. Uns fehlen dabei die Mimik und Gestik des Gesprächspartners, um beispielsweise einschätzen zu können, ob er eine Aussage ernst oder ironisch meint. Wer Missverständnisse dieser Art verhindern möchte, verwendet beim Schreiben sogenannte Emoticons: Zeichenfolgen aus normalen Satzzeichen, die einen Smiley nachbilden. Facebook bietet in diesem Zusammenhang sogar einen besonderen Service an und wandelt die Zeichenfolge in ein echtes Bild um – so wird aus einem < und einer 3 zum Beispiel ein kleines Herzchen.

Gut zu wissen

● ●

Um Ihnen den Einstieg in die Kommunikation mit Emoticons ein wenig zu erleichtern, zeigen wir Ihnen im Folgenden die gebräuchlichsten Zeichenfolgen und ihre Bedeutung:

:-) Lächeln, Freude
:-D lautes Lachen
:-(Trauer, Ärger, Enttäuschung

:´(Weinen

;-) Zwinkern

:-p Zunge rausstrecken

:-o Erstaunen, Überraschung

>:-> fieses Grinsen

:-/ Zweifel, Skepsis, Unentschlossenheit

:´-) Rührung, Freudentränen

:-x Küsschen

• •

Vermeiden Sie Redundanzen und Co.

Netzwerkhygiene bedeutet nicht nur, unerwünschte Kontakte und Diskussionen aus dem eigenen Netzwerk zu verbannen, sondern sie geht auch in die umgekehrte Richtung: Sorgen Sie möglicherweise selbst dafür, dass die Postfächer, Timelines und Adressbücher Ihrer Kontakte verstopfen?

Wir haben es bereits an verschiedenen Stellen in diesem Buch erwähnt: Wahllose Kontaktsammelei, belanglose Statusmeldungen und redundante Informationen in zig verschiedenen Netzwerken sind der beste Weg, es sich mit seinen Kontakten zu verderben. So wie Sie das rote T-Shirt nicht in die Maschine mit der weißen Wäsche stecken, sollten Sie auch bei der Arbeit mit sozialen Netzwerken immer wieder prüfen, welche Information in welchen Kanal gehört.

„Viel hilft viel" ist ein Motto, das im Social Web ganz sicher nicht langfristig funktioniert. Nehmen Sie sich daher vor jedem einzelnen Posting einige Sekunden Zeit, um folgende Fragen zu beantworten:

→ Interessiert das jemanden?
→ Ist dieses Netzwerk der richtige Kanal für die Information?
→ Muss mein ganzes Netzwerk das wissen oder ist die Information nur für einen bestimmten Adressatenkreis interessant?
→ Ist die Information so aufbereitet, dass sie schnell erfasst werden kann?
→ Bietet mein Kommentar einen echten Mehrwert oder haben schon x Leute vor mir das Gleiche gesagt?

So löschen Sie ein Netzwerk-Profil

Auch das kann passieren: Sie haben sich bei einem sozialen Netzwerk angemeldet, das Ganze ausprobiert und festgestellt: „Hier fühle ich mich nicht wohl." Möglicherweise gefällt Ihnen der Umgangston nicht, Ihre Zielgruppe ist dort nicht vertreten oder Sie finden schlichtweg nicht die Zeit, ein weiteres Social-Media-Profil zu pflegen. In diesem Fall kann Netzwerkhygiene auch bedeuten, sich aus dem jeweiligen Netzwerk zu verabschieden.

Doch das ist gar nicht immer so einfach: Aus gutem Grund machen einige Netzwerke Ihren Nutzern die Suche nach dem Ausstiegsknopf nicht leicht. Wie Sie sich endgültig aus den fünf vorgestellten Netzwerken verabschieden, erläutern wir daher im Folgenden.

Xing

Als Xing-Basismitglied loggen Sie sich zunächst bei Xing ein und besuchen dann folgende Seite: http://www.xing.com/app/user?op=cancel. Mitglieder mit einem bezahlten Premium-Account schreiben am besten eine E-Mail an de-support@xing.com.

Facebook

Wer sein Facebook-Profil komplett löschen (und nicht nur deaktivieren) will, klickt auf den kleinen Pfeil rechts oben auf der Seite und dort auf „Hilfe". Geben Sie hier in der Suchzeile „Konto löschen" ein und klicken Sie bei den erscheinenden Ergebnissen auf „Wie kann ich mein Konto dauerhaft löschen?". Dort finden Sie den Link zu einem Formular, mit dem Sie den Ausstieg beantragen können. Direkt zu diesem Formular kommen Sie im eingeloggten Zustand über den Link https://www.facebook.com/help/delete_account.

LinkedIn

LinkedIn verlassen Sie, indem Sie (im eingeloggten Zustand) mit der Maus oben rechts über Ihren Namen gehen und dort „Einstellungen" auswählen. Hier klicken Sie zunächst auf „Ihr Konto" und dann auf „Konto schließen".

Google+

Bei Google+ klicken Sie auf das kleine Zahnrad oben rechts und wählen „Einstellungen". Unter dem Menüpunkt „Konto" finden Sie hier den Eintrag „Profil löschen und damit verknüpfte Google+ Funktionen entfernen". (Achtung: Wenn Sie andere Google-Funktionen nutzen, klicken Sie hier auf jeden Fall den richtigen Button an, damit Sie nicht Ihr komplettes Google-Konto löschen!)

Twitter

Auch bei Twitter gibt es rechts oben ein kleines Zahnrädchen und darunter den Menüpunkt „Einstellungen". Ganz unten auf dieser Seite finden Sie einen Eintrag „Deaktiviere meinen Account". Twitter speichert Ihre Daten noch für 30 weitere Tage; falls Sie sich innerhalb dieses Zeitraums wieder einloggen, wird Ihr Profil reaktiviert.

149

Kapitel 11

Integrierte Kommunikation über alle Netzwerke hinweg

Während Sie sich einen **Überblick** über die wichtigsten **Netzwerke** im deutschsprachigen Raum verschafft haben, ist Ihnen sicherlich das ein oder andere Mal die **Idee** gekommen, gleich mehrere davon zu nutzen. Das ist grundsätzlich ein guter Einfall. Allerdings gilt es dann noch viel mehr, dass Sie sich Ihr **Vorgehen** gut überlegen und Ihre **Ressourcen** sinnvoll einsetzen sollten. In diesem Kapitel lernen Sie unterschiedliche **Wege** kennen, wie Sie Ihre Social-Media-Aktivitäten über mehrere Netzwerke hinweg miteinander verknüpfen können.

Netzwerkübergreifende Kommunikation strategisch planen

Grundsätzlich gilt: Wer in mehreren Netzwerken eine wahrnehmbare Präsenz entwickeln möchte, hat zwei Möglichkeiten. Entweder er startet überall gleichzeitig oder er beginnt mit einem Netzwerk und erobert sich die anderen nach und nach. Einfach in sämtlichen Netzwerken ein Konto anzulegen und möglichst automatisiert überall die gleichen Inhalte zu posten, scheint das Naheliegendste zu sein. Gleichwohl ist das nicht die beste Art und Weise, sich mit seinem Engagement netzwerkübergreifend Vorteile zu verschaffen – eher riskieren Sie, Ihren Kontakten mit den immer gleichen Informationen auf die Nerven zu gehen. Nach unserem Dafürhalten verzettelt sich am wenigsten, wer den zweiten Weg geht und sich ein Netzwerk nach dem anderen vornimmt.

Dabei ist es sinnvoll, sich zunächst auf das Netzwerk zu konzentrieren, in dem Sie Ihre Zielgruppe oder wichtige Multiplikatoren finden und daher am ehesten Ihre Ziele verwirklichen können. Wie bei jeder strategischen Planung gilt es auch im Social-Media-Bereich, dass Sie zunächst Ihre individuellen Ziele definieren und dann schauen, wie Sie am besten dorthin kommen. Wer den fachlichen Austausch sucht, ist vermutlich bei Xing mit seinen vielen Gruppen gut aufgehoben. Wer möglichst viele Freunde und Multiplikatoren durch Sympathie gewinnen möchte, wird vermutlich eher bei Facebook oder Twitter richtig sein. Wer ganz geschäftig über die Landesgrenzen hinaus Kontakte schließen möchte, kommt nicht an LinkedIn vorbei. Bei Google+ hingegen tummeln sich viele technisch versierte Menschen, die in einem spannenden fachlichen Austausch stehen. Allerdings fehlt hier die Offenheit von Facebook, die auch den technischen Laien aufnimmt.

So unterschiedlich die Netzwerke sind, so unterschiedlich gestaltet sich auch die Teilnahme daran. Wir beispielsweise haben sehr früh Xing (damals noch openBC) für uns entdeckt und uns auch darüber kennengelernt. Später waren wir unter den ersten Twitter-Nutzern und haben auch dort wieder eine Menge neuer Leute für uns entdeckt. Nach und nach eroberten wir die verschiedenen Netzwerke für uns, setzten sie zunächst privat und dann auch im beruflichen Alltag ein. Und heute unterstützen wir mit unseren Büchern andere Menschen dabei, den Wert der Netzwerke für sich zu entdecken.

Wandel als Chance

Starre Regeln und dauerhaft festgelegte Arbeitsabläufe gehören mit der zunehmenden Präsenz von Social Media endgültig der Vergangenheit an. Auch wir erfahren es Tag für Tag aufs Neue: Weniges ist so schnelllebig wie ein soziales Netzwerk. Wer gestern noch ganz oben auf der Erfolgswelle schwamm, ist heute weg vom Fenster (Beispiel: StudiVZ). Und auch wer sich dauerhaft am Markt behauptet, kann das nur, weil er sich ständig wandelt (Beispiel: Facebook).

Gut zu wissen

NETZWERK-EVOLUTION

Das heutige Xing unterscheidet sich in vielen Dingen vom früheren openBC, weil technische Innovationen und Erfahrungen kontinuierlich in die Weiterentwicklung des (mittlerweile börsennotierten) Netzwerks einfließen. Genauso bei Twitter: Am Anfang war das ein wahrer Spielplatz von Verrückten, mit unzähligen Tools und Schnittstellen nach außen. Viele der damals sehr aktiven Nutzer zählen heute zu den Vordenkern und Vorbildern unseres Landes – vom Top-Journalisten über Polit- und Unternehmensberater bis hin zu etablierten Künstlern und Freigeistern. Da wundert es wenig, dass mittlerweile fast die gesamte Bundespolitik bei Twitter anzutreffen und ansprechbar ist. Aber auch hier gibt es große Veränderungen: Das ehemals maximal nach außen geöffnete Netzwerk ist in der wirtschaftlichen Realität angekommen und muss Geld verdienen. Dazu schließt es mehr und mehr der vormals so hochgelobten Schnittstellen nach außen.

Ständige Veränderungen in der Social-Media-Welt sollte man von Anfang an bei seinen Planungen berücksichtigen. Wer keinen Spaß an Entdeckungen hat und auf Neuerungen genervt reagiert, wird sich nur schwer mit Social Media anfreunden. Jedes noch so innovative Netzwerk wird mit der Zeit erwachsen – manchmal schneller, als den Nutzern lieb ist. Denn viele von ihnen genießen vor allem die wilde Anfangsphase, in der noch alles möglich ist und neue Kommunikationsformen zur Anwendung bereitstehen.

Diese spielerische Herangehensweise ist dann sinnvoll, wenn man entweder ausreichend Zeit hat oder vom Umgang mit Social Media an sich profitieren kann. Wir, die Autoren dieses Buches, haben beispielsweise eine gute Möglichkeit gefunden, unsere Neugier, unseren Forscherdrang und auch das Zeitinvestment zu rekapitalisieren: Nicht, dass Bücherschreiben reich macht, doch immerhin haben wir uns einen gewissen Expertenstatus erarbeitet. Dieser Weg eignet sich zugegebenermaßen nur bedingt zur Nachahmung, zeigt aber gut auf, wie weit jemand kommen kann, der den ständigen Wandel nicht als Hürde, sondern als Chance begreift.

Große Träume, wenig Zeit

Die Zukunft gehört denen, die träumen, Visionen entwickeln und ihrem Antrieb folgen. Denen, die jeden Tag aufs Neue versuchen, ihrem Ziel ein wenig näher zu kommen. Leider halten die Tage aber oft viel zu viele Alltagsdinge bereit, als dass man seinen Träumen nachgehen könnte. Wenn das Geschäft angelaufen ist, stehen die Kundenprojekte so sehr im Mittelpunkt, dass man leicht vergisst, systematisch am Marketing weiterzuarbeiten, obwohl es langfristig die Kundenbasis sichert.

Womit wir wieder bei der eingangs genannten Priorisierung sind: Konzentrieren Sie sich zunächst auf das Netzwerk, von dem Sie glauben, dass es Ihnen am meisten für Ihre Ziele bringt. (Leider ist das nicht zwangsläufig das Netzwerk, welches Ihnen am meisten Spaß macht.) Identifizieren Sie also Ihr Hauptnetzwerk und sammeln Sie dort Erfahrungen. Lernen Sie das Netzwerk gut kennen und knüpfen Sie erste Kontakte. Vielleicht beteiligen Sie sich auch schon in Gruppen und Foren und schauen, wie die Leute auf Sie reagieren. Wenn Sie positive Rückmeldungen bekommen und sich spannende Neukontakte auftun, sind Sie auf dem richtigen Weg. Bläst Ihnen jedoch eine steife Brise entgegen, lohnt es sich zu überprüfen, ob Sie die richtige Ansprache gewählt haben. In jedem Netzwerk herrscht ein anderer Ton, bei Facebook können Sie beispielsweise deutlich flapsiger kommunizieren als bei

Xing, Twitter-Nutzer nehmen Ihnen massenweise Abkürzungen deutlich weniger krumm als Google+-Kontakte. Das Gleiche gilt für die Inhalte: Prüfen Sie vor jedem Posting, in welchem Netzwerk Ihr Beitrag am besten aufgehoben ist. Ein gutes Gefühl für die jeweiligen Gepflogenheiten bekommen Sie, wenn Sie das Geschehen erst einmal eine Zeit lang beobachten.

Nicht dass wir uns falsch verstehen: Es geht nicht darum, Everybody's Darling zu sein oder zu werden. Doch falls Sie mit Ihrem Online-Gebaren nur wüste Kritik ernten, dürfte das Ganze Ihrem Geschäftserfolg wenig dienlich sein. Ein wenig kontrovers aufzutreten, kann aber durchaus förderlich sein: Damit schärfen Sie Ihr Profil und wecken Aufmerksamkeit. Wer immer nur brav Ja und Amen sagt, der fällt einfach nicht auf. Wer gar nichts sagt, noch weniger. Wer dagegen charmant, bestimmt oder auch amüsant seinen Standpunkt in einer spannenden Diskussion vertritt, wird schnell erste Fans gewinnen. Die Grenzen Ihrer Branche und Ihrer Zielgruppe kennen Sie selbst am besten. Probieren Sie sich aus, analysieren Sie die Ergebnisse und entwickeln Sie Ihr Vorgehen kontinuierlich und individuell weiter – schließlich soll Ihr Online-Profil auch Ihrem Charakter entsprechen.

● ●

Gut zu wissen

IHR ALTER EGO IM NETZ

Wer sich bei seinen Social-Media-Aktivitäten verstellt, wird damit früher oder später auffliegen und kann sich viele Sympathien verspielen. Bleiben Sie also authentisch und überlegen Sie sich gut, wer Sie sind und was davon Sie nach außen tragen wollen. Sind Sie Experte, Klassenkasper oder ein hilfsbereiter Kontakt, auf den sich alle verlassen können und wollen? Was wären Sie gern? Und was sind Sie auf keinen Fall? Indem Sie diese Fragen für sich beantworten, finden Sie den richtigen Weg, Ihren Online-Charakter zu formen und weiterzuentwickeln.

● ●

Viel hilft nicht immer viel

Sie sind im Internet, nicht im Krieg: Dauerfeuer aus allen Rohren ist hier nur sehr bedingt hilfreich. Das bezieht sich sowohl auf das Verhalten innerhalb eines Netzwerks als auch auf das Verhalten über mehrere Netzwerke hinweg. Wer sich Tag und Nacht als Dauerposter betätigt, wird sich früher oder später fragen lassen müssen, ob er denn nichts anderes zu hat, als so viel Zeit in einem Netzwerk zu verbringen. So entsteht nicht unbedingt der beste Eindruck, wenn man als erfolgreiche Geschäftsfrau oder erfolgreicher Geschäftsmann wahrgenommen werden möchte. Hier gilt es also, gut zu dosieren und abzuwägen, wie viel Präsenz Ihrer Glaubwürdigkeit tatsächlich dienlich ist.

Das Gleiche gilt für Netzwerker, die gleichlautende Inhalte einfach großzügig über sämtliche Netzwerke und dort am liebsten noch in möglichst vielen Foren und Gruppen verteilen. Gerne vergessen sie dabei, dass sie mit vielen ihrer Kontakte in mehreren Netzwerken verbunden sind. Diese werden dann mit haargenau dem gleichen Wortlaut mehrmals über denselben Sachverhalt aufgeklärt. Bei uns fliegen solche Leute nach kürzester Zeit wieder aus den Kontakten, weil diese Art des modernen Spammens einfach nur nervig ist.

Wenn Sie konstruktiver vorgehen wollen, machen Sie sich die Mühe herauszufinden, wie der individuelle Charakter eines Netzwerks Ihrer Sache dienlich sein kann. Die Erkenntnisse führen am Ende vielleicht zu sehr unterschiedlichen Formulierungen, die sich ganz bestimmt inhaltlich überschneiden, aber den Charakter der einzelnen Netzwerke und ihrer jeweiligen Mitgliederschaft berücksichtigen. Wer diese Differenzierung aus Zeitgründen nicht vornehmen kann, sollte sich den einen oder anderen Kanal lieber sparen.

Wie lassen sich mehrere Netzwerke technisch organisieren?

Sobald Sie die für Sie relevanten Netzwerke identifiziert haben, lassen sich Routinen bei der Arbeit dafür entwickeln. Schon nach kurzer Zeit werden Sie feststellen, dass sich die Abläufe wiederholen: So schreiben Sie beispielsweise erst einen Blogbeitrag, hinterlassen entsprechend verlinkte Kommentare in verwandten Blogs, weisen dann auf Twitter auf ihn hin und teasern ihn kurz auf Facebook an. In Ihrem individuellen Fall kann das Ganze natürlich anders aussehen, mit Sicherheit werden Sie jedoch sehr schnell eine Struktur erkennen. Halten Sie diese kurz schriftlich fest und Sie brauchen sich nie wieder Gedanken darüber zu machen, von wo aus Sie wohin verweisen.

Abgesehen von dieser individuellen Lösung stehen Ihnen zahlreiche technische Möglichkeiten zur Verfügung, um einzelne Aktivitäten automatisch in andere Netzwerke zu übertragen. Einige Beispiele:

→ Sobald Sie bei Xing eine Statusmeldung eingeben, können Sie mit einem schlichten Klick entscheiden, ob diese auch bei Twitter und/oder Facebook erscheinen soll.

→ Bei LinkedIn genügt ebenfalls ein Häkchen und Ihr Beitrag ist bei Twitter zu finden.

→ Nahezu jede Blog-Software ermöglicht es, eigene Postings mit einem Klick in andere Netzwerke zu verbreiten.

→ Xing und LinkedIn ermöglichen Ihnen die vollautomatische Integration Ihres Blogs, damit wird jeder neue Blogbeitrag auch an alle Ihre dortigen Kontakte kommuniziert.

Schauen Sie sich einmal in Ihrem Lieblingsnetzwerk um, ganz sicher werden Sie weitere Automatisierungslösungen entdecken. Achtung: Diese Features sparen Zeit, führen aber unter Umständen zu den oben erwähnten Dopplungen, mit denen Sie Ihren Kontakten schnell auf die Nerven gehen.

Eine deutlich sinnvollere Arbeitshilfe sind Programme, die mehrere Netzwerke auf einer Arbeitsoberfläche zusammenführen. Damit behalten Sie den Überblick und müssen sich nicht in jedes einzelne Netzwerk einloggen, um mitzulesen oder selber zu posten. Eine der bekanntesten Lösungen ist Hoot-Suite: Was als einfacher Twitter-Client angefangen hat, bezieht mittlerweile LinkedIn, Xing, Ping.fm, MySpace, Foursquare, Google+ und Facebook ein, zudem ermöglicht es, Postings zeitversetzt zu versenden. Mit entsprechenden Erweiterungen lassen sich noch mehr Anbieter wie YouTube oder sogar Ihr WordPress-Blog integrieren. Spredfast, Netvibes und Awareness sind deutlich komplexere Lösungen, die ein ausführliches Monitoring ermöglichen. Sie sind eher für größere Unternehmen von Interesse.

„SELBSTGESPRÄCH": DIE AUTOREN BEZIEHEN STELLUNG

Die in diesem Buch vorgestellten Interviewpartner konzentrieren sich bei ihren Social-Media-Aktivitäten auf ein Schwerpunktnetzwerk. Welche Vorteile die oder der Betreffende daraus zieht, konnten Sie selbst nachlesen. Die Autoren dieses Buches Constanze Wolff (CW) und Roland Panter (RP) heben sich insofern von diesen Nutzern ab, als dass sie in sämtlichen vorgestellten Netzwerken aktiv sind – in manchen mehr, in anderen weniger. Warum das so ist und was sie sonst noch unbedingt zum Thema Social Media loswerden wollen, erfahren Sie hier.

Eröffnen wir den Reigen mit einer harmlosen Frage: Frau Wolff, welches ist Ihr persönliches Lieblings-netzwerk und wie kam es dazu?

CW: Konstanz ist bereits in meinem Vornamen verankert – und so bin ich nach wie vor dem ersten sozialen Netzwerk treu, in dem ich Mitglied wurde. Bei Xing bin ich bereits seit 2003 aktiv, seit 2007 moderiere ich eine Regionalgruppe, seit 2009 bin ich offizielle Xing-Trainerin. Obwohl ich mit Facebook sehr viel Spaß habe und es auch im Kundenauftrag nutze, ziehe ich aus Xing den größten beruflichen Nutzen. Du siehst das ja ein wenig anders, Roland.

RP: Allerdings. Obwohl ich ein großer Fan von Xing war und wir uns hier kennengelernt haben, betrachte ich die Entwicklungen der letzten Jahre eher skeptisch. Als Beispiel möchte ich die Gruppen anführen, die einst sehr prominent, stark und voller engagierter Teilnehmer waren. Leider rückt Xing dieses wertvolle Element mit einem hohen Anteil an User-Generated-Content – also Inhalten, die nicht vom Anbieter, sondern von den Nutzern eines Webangebots erzeugt werden – zunehmend in den Hintergrund. Selbstverständlich muss ein Netzwerk sich ständig weiterentwickeln, bei Xing fehlt mir zurzeit allerdings die Innovationskraft.

Welches ist denn Ihr Lieblingsnetzwerk, Herr Panter?

RP: Im Moment bevorzuge ich ganz klar Facebook, unter anderem weil ich hier sehr viel für meine Kunden erreichen kann. Allerdings glaube ich nicht, dass der Börsengang dem Netzwerk gutgetan hat. Bereits bei Xing hat sich gezeigt: Die Bedürfnisse des Kapitalmarkts passen nur schwer mit der von persönlichen Bedürfnissen geprägten Weitergabe von Informationen und Daten zusammen. Bei Facebook entsteht manchmal der Eindruck, es geht zunehmend darum, die Nutzer zum Geldausgeben zu zwingen – dabei ist Facebook doch eher eine Art soziales Betriebssystem und gerade dadurch groß geworden, dass sich auch ohne großen Mitteleinsatz beachtliche Reichweiten erzielen lassen.

Ein spannendes Zukunftsthema wird daher ganz sicher die Frage, wie gut es den Netzwerken gelingt, zwischen den unterschiedlichen Interessen von Nutzern und Kapitalanlegern zu vermitteln. Hier haben die betreibenden Unternehmen eine sehr große Verantwortung. Ich kann mir aber auch gut vorstellen, dass es dazu in absehbarer Zeit stärkere Vorgaben durch die Staaten geben wird.

CW: Der deutsche Datenschutz hat sich zu diesem Thema ja schon sehr deutlich zu Wort gemeldet. Ich sehe das mit einem lachenden und einem weinenden Auge: Einerseits ließen sich mit verschärften Datenschutzbedingungen sicherlich mehr Nutzer von der Vertrauenswürdigkeit beispielsweise eines Facebook überzeugen, andererseits schränkt ein Regelwerk immer den freien Fluss von Ideen ein. Wirkliche Innovationen entstehen letztlich durch eine Grenzüberschreitung – und gerade in der Netzkultur blühen die schönsten Blumen oft ganz am Rande der ausgetretenen Wege.

Bei Twitter sind Sie sich aber einig? Hier sind Sie ja beide sehr präsent.

CW: Obwohl ich ein großer Twitter-Fan bin, hat mein Engagement hier stark nachgelassen. Das hat schlichtweg damit zu tun, dass mein Zeitbudget begrenzt ist und ich nicht alle Netzwerke in der gleichen Intensität bespielen kann. Als ich bei Facebook eingestiegen bin, hat das einen erheblichen Teil meiner Social-Media-Energie absorbiert. Nach wie vor ist Twitter für mich aber der schnellste Informationskanal von allen. Darüber hinaus nutze ich es für die Verbreitung von Blogbeiträgen und den schnellen Austausch von Privatnachrichten. Und womit ich wohl nie mehr aufhören kann: Mein täglich getwittertes Zitat hat mittlerweile eine echte Fangemeinde.

RP: Twitter mag ich aufgrund seiner Offenheit, da gibt es keine großartigen Grenzen – abgesehen von der Möglichkeit, sein Profil zu schützen, sodass nur bestätigte Personen die Tweets lesen können. Facebook hatte mal einen ähnlichen Ansatz der maximalen Transparenz. Doch je mehr die Nutzer das Netzwerk auch für eher private Themen nutzen wollten, desto größer wurde der Wunsch nach geschützten, privaten Räumen. An Twitter ist dies bislang zum Glück vorbeigegangen: Wer hier postet, tut dies mit der Gewissheit der Öffentlichkeit. Spannend ist, dass es dabei immer wieder schöne private und sehr persönliche Momente gibt.

Wie sieht es mit LinkedIn aus? Da besteht ja immer eine gewisse Rivalität zu Xing.
RP: Ja, diese Rivalität wird immer wieder gerne bemüht, da es sich bei beiden um reine Business-Netzwerke handelt. Allerdings sind sie vom Charakter derart verschieden, dass ich beiden Netzwerken weiterhin Raum geben wollen würde. LinkedIn hat in manchen Fragen etwas mehr in die Qualität investiert als Xing – das macht sich besonders bei der Vernetzung von Mitgliedern bemerkbar. Bei Xing gibt es viele der sogenannten Kontaktsammler, die werden bei LinkedIn mit verschiedenen Maßnahmen ganz gut ausgebremst.
CW: Dafür ist die Usability für deutsche Nutzer stark gewöhnungsbedürftig. Ganz ohne Frage ist LinkedIn im Bereich der internationalen Kontakte ungleich stärker als Xing. Ich persönlich bin nicht sehr aktiv bei LinkedIn, weil mein Business sich ausschließlich im deutschsprachigen Raum abspielt.

Und was gibt es zu Google+ zu sagen?
RP: Hier reden wir von Überfluss. G+ bietet im Vergleich zu anderen Netzwerken keinen greifbaren zusätzlichen Nutzen – es ist eher eine strategische Entscheidung oder eine persönliche Vorliebe, sich hier zu engagieren. Allerdings funktioniert das Netzwerk gut: Die meisten Kontakte, oder besser Follower, habe ich zum Beispiel dort, obwohl ich G+ selbst gar nicht so intensiv nutze.
CW: Das geht mir ganz ähnlich. Allerdings macht diese Menge von Kontakten mich eher stutzig und lässt mich die Qualität und Tragfähigkeit des Netzwerks hinterfragen. Was habe ich von x-tausend Menschen, die mich ihren Kreisen hinzufügen, obwohl ich nur sehr selten in Erscheinung trete? Dass ich hier vertreten bin, hat nichts mit dem Lustprinzip zu tun, sondern ist rein beruflich und suchmaschinenoptimierend motiviert.

Wie sieht es aus mit Blogs? Die sind jetzt kein Netzwerk im eigentlichen Sinne, tauchen aber dennoch hier im Buch auf.

CW: Ich bin begeisterte Bloggerin und lege auch meinen Kunden ans Herz, ein eigenes Blog zu betreiben. Nirgendwo anders lassen sich so gut einzigartige Inhalte für die verschiedenen Social-Media-Kanäle erzeugen, nirgendwo anders kann man so gut Gesicht zeigen.

RP: Blogs werden in der Klaviatur der Unternehmenskommunikation künftig sicherlich eine bedeutendere Rolle spielen als Webseiten. Hier geht es nicht um werblich idealisierte Botschaften, sondern um authentische Informationen, die auch einer Überprüfung durch den Leser standhalten sollten. Das erhöht einerseits die Hürden, bietet zugleich aber unglaublich viele Chancen. Unternehmen sollten sich keinesfalls die Möglichkeit entgehen lassen, eine eigene Reichweite nachhaltig aufzubauen und sich so unabhängiger von den Strömungen in den Netzwerken oder bei anderen Multiplikatoren zu machen. Aus meiner Sicht kommt man am Thema Blog viel weniger vorbei als an einer wie auch immer gearteten Präsenz in vielen der genannten Netzwerke.

Sie sind ja durchaus nicht immer einer Meinung – wie kam es trotz unterschiedlicher Standpunkte zu der Idee eines gemeinsamen Buchprojekts?

CW: Zu dieser Idee kam es nicht trotz, sondern gerade wegen dieser Unterschiede: Wir sind der Ansicht, dass es gefährlich ist, immer nur in seinem eigenen Saft zu köcheln und keine andere Meinung neben der eigenen gelten zu lassen. Außerdem ergänzen wir uns hinsichtlich unserer Kenntnisse zu den verschiedenen Netzwerken sehr gut.

RP: Nicht zu vergessen: Die Kombination aus Wolff und Panter kann einfach nur ein tierisch gutes Buch ergeben!

Jetzt, wo alles fertig ist: Welches ist denn Ihre ganz persönliche Lieblingsstelle in diesem Buch?

CW: Ganz ehrlich-egozentrisch? Der Titel. Was gibt es Schöneres als ein Buch mit dem eigenen Namen drauf?

RP: Dem kann ich natürlich nur zustimmen. Allerdings finde ich auch die Kommas auf Seite 63 sehr schön. ;-)

Kapitel 12

Realistische Ziele

Starbucks und McDonald's machen uns Tag für Tag vor, wie man seine (potenziellen) Kunden mit Social Media für ein **Unternehmen** begeistert und langfristig bindet. Doch welcher Gründer oder Kleinunternehmer verfügt schon über das **Budget** eines dieser Riesen? Lassen Sie sich nicht entmutigen, denn auch mit **kleinem Aufwand** können Sie **große Resultate** bewirken. Nur ist es für Sie besonders wichtig, von Anfang an klare **Ziele** vor Augen zu haben, um nicht gleich den Mut zu verlieren oder sich im Social-Media-Dschungel zu verlaufen. Und die schlichteste aller **Regeln** lautet: Ihr **Engagement** ist nur dann sinnvoll, wenn am Ende auch etwas dabei herumkommt.

Zeit- und Kostenplanung

Ein entscheidendes Schlagwort in diesem Zusammenhang lautet „Reichweite". Sie kostet bei Werbung über klassische Wege, zum Beispiel das Schalten von Anzeigen, sehr viel Geld. Lassen Sie sich nicht von hohen Auflagenzahlen blenden: Tatsächlich bewegt sich bei vielen Medien die Summe der Menschen, die sich tatsächlich für Ihre Botschaften interessieren, im Promillebereich – die Streuverluste müssen Sie dennoch bezahlen. Da ist es naheliegend, einen eigenen Kommunikationskanal aufzubauen, der sich nahezu ausschließlich an echte Interessenten richtet, um erhebliche finanzielle Ressourcen einzusparen. Außerdem machen Sie sich damit unabhängig von den Abläufen externer Medienanbieter. Sie allein entscheiden, wann und wie oft Sie Ihre (potenziellen) Kunden mit Informationen versorgen.

Versuchen wir uns an einer Beispielrechnung: Schalten Sie pro Jahr zehn Anzeigen zu je 1.200 Euro, setzen Sie ein Jahresbudget von 12.000 Euro an. Wenn Sie selbst aktiv werden, können Sie dies mit eigener Arbeitskraft auffangen, und zwar sind das je nach Stundensatz bis zu 400 Stunden, die Sie einsetzen können, ohne unrentabel zu werden. Rechnen Sie die Erstellungskosten für die Anzeigen dazu, kommen Sie schnell auf weitere 50 bis 100 Stunden. Zu berücksichtigen ist, dass gerade im ersten Jahr der Hauptaufwand in den Aufbau der eigenen Reichweite (also in die Gewinnung von Kontakten oder Fans) fließt. Erst in der Zeit danach können Sie den Erfolg Ihrer Bemühungen konkret nutzen. Anders als bei einer Anzeige müssen Sie diese Reichweite jedoch nicht bei jedem Informationstransfer erneut bezahlen.

Gerade am Anfang ist der Zeitaufwand für die meisten Gründer kein Problem, er kann es jedoch schnell werden. Das passiert beispielsweise dann, wenn sie am Rande ihrer Kapazitäten arbeiten, es sich aber noch nicht lohnt, einen (weiteren) Mitarbeiter dauerhaft zu beschäftigen. Gerade in diesen Phasen ist es wichtig, sich über das verfügbare Zeitbudget im Klaren zu sein.

Damit die eigene Reichweite tatsächlich zu einem realen – und damit messbaren – Wert wird, gilt es, sie quantitativ und qualitativ zu erfassen; dabei helfen diverse Tools (dazu kommen wir später noch). Anschließend wird sie anhand eines Kennzahlensystems ausgewertet und dann mit Folgezahlen verglichen. Allerdings stellt sich die Frage, welche Kennzahlen überhaupt sinnvoll sind: Bei Facebook wird beispielsweise häufig die Zahl der Fans angesetzt, bei Twitter die Zahl der Follower. Das sind grundsätzlich gute Indikatoren, die jedoch relativ wenig aussagen, wenn sie nicht zu qualitativen Faktoren in Beziehung gesetzt werden. Deshalb wird mehr und mehr Interaktivität zum entscheidenden Faktor gemacht. Wie oft treten meine Follower/Fans mit mir oder dem Unternehmen in einen Dialog? Wie oft wird meine Nachricht geteilt/retweetet? Fragen dieser Art helfen Ihnen dabei festzustellen, wie hoch der Anteil der Menschen in Ihrer Reichweite ist, der sich wirklich dafür interessiert, was Sie zu sagen haben.

Gut zu wissen

DER UNTERSCHIED ZWISCHEN ZAHLEN UND ENGAGEMENT

Wer allein auf den Zahlenwert setzt, kommt schnell auf die Idee, dass gekaufte Fans, Follower oder Kontakte der Schlüssel zum Erfolg sind. Der entscheidende Nachteil dabei ist jedoch, dass diese sich überhaupt nicht für Sie interessieren. Meist handelt es sich um künstlich erstellte Fakeprofile, hinter denen keine reale Person steht. Ihre einzige Aufgabe und Handlung besteht darin, Fan oder Follower von irgendwelchen Seiten zu werden. So gelangen Sie zwar schnell zu einer großen Reichweite, doch die ist am Ende nichts wert. Im Gegenteil: Steigende Kontaktzahlen machen mehr Arbeit. Und bei Facebook schaden Sie sich mit gekauften Fans sogar, da der Edgerank Ihrer Seite dadurch negativ beeinflusst wird. Auch wenn 10.000 Fans nur zwölf Euro kosten, dieses Vorgehen hat nichts mit nachhaltigem Reichweitenaufbau zu tun.

Wer seine Reichweite auf lange Sicht auf- und ausbauen will, kommt nicht drum herum, sich sowohl mit dem dafür nötigen Zeitaufwand als auch mit den Kosten zu beschäftigen. Verlage und Sender bringen in diesem Zusammenhang gerne den TKP, den Tausend-Kontakt-Preis, ins Spiel. Er sagt aus, wie viel es kostet, 1.000 Empfänger mit dem jeweiligen Medium zu erreichen. Der TKP ist eine Art genormte Vergleichswährung, die es vereinfacht, zwei

Produkte miteinander zu vergleichen – wie die Kosten je 100 Gramm im Supermarkt.

Maßeinheiten für die Reichweitenbestimmung			
Kurzform	Langform	Bedeutung	Erläuterung
TKP	Tausend-Kontakt-Preis	Kosten für das Erreichen von 1.000 Personen einer Zielgruppe	Wenn „Der Spiegel" in jeder Woche sechs Millionen Leser erreicht und eine ganzseitige Anzeige 50.000 Euro kostet, liegt der TKP für diese Anzeige bei 8,33 Euro.
PI	Page Impression	Anzahl der Aufrufe einer einzelnen Webseite	Jedes Mal, wenn ein Webbrowser die jeweilige Seite lädt und anzeigt, gilt dies als eine PI, auch wenn dies x-mal durch denselben Nutzer geschieht.
	Unique Visitor	Tatsächliche Besuche der Seite innerhalb eines bestimmten Zeitraums	Hierbei werden sämtliche Besuche mit einer IP-Adresse zusammengefasst – ein und derselbe Nutzer wird also nur einmal gezählt.
	Klick	Klick auf eine Anzeige oder den darin enthalten Link	Hier wird tatsächliches Interesse erfasst: Wer auf eine Anzeige klickt, ist an weiteren Informationen interessiert.

Unser Rat: Vergessen Sie den TKP! Zumindest, wenn Sie Social Media realistisch bewerten wollen. Diese Währung funktioniert nicht in diesem Medium, selbst wenn Online-Vermarkter gerne mit solchen Maßeinheiten argumentieren. Oft zahlen Sie im Internet für Page Impressions (Anzahl der Seitenaufrufe), Unique Visitors (reale Besucher ohne Doppelzählungen) oder Klicks (jemand klickt auf Ihre Anzeige). Die erste Maßeinheit wird inzwischen nicht mehr so häufig genutzt, da sie wenig aussagt. Sieht sich beispielsweise ein und derselbe Betrachter eine Anzeige 27-mal an, müssen Sie mehr Geld zahlen, ohne mehr erreicht zu haben. Mit der Einheit „Unique Visitors" trägt man diesem Effekt Rechnung, denn dabei wird jeder Betrachter nur einmal gezählt. Heraus kommt eine quantitative Angabe, die zugleich ein wichtiges Qualitätskriterium erfüllt. Mit der gemessenen Anzahl der Klicks erhöht sich die Aussagekraft noch einmal: Da eine konkrete Reaktion des Betrachters auf die Anzeige erfolgt ist, kann man hier von einem ehrlichen Interesse ausgehen.

Werden die Werte zu den PIs, Unique Visitors und Klicks miteinander in Beziehung gebracht, ergibt sich eine größere Aussagekraft als durch jeden einzelnen Wert. Genauso verhält es sich bei der Bewertung von Social-Media-Maßnahmen: Die Reichweite (Zahl der Fans) könnte man mit den PIs vergleichen, die Angaben zur Anzahl der Personen, die den Beitrag gesehen haben (Facebook bietet diese Messgröße an), mit den Unique Visitors und die Reaktion, beispielsweise ein Like, ein Retweet oder eine Antwort, mit einem Klick. Je interessierter die Schar Ihrer Fans, Follower oder Personen, in deren Kreise Sie sich befinden, ist, desto mehr Qualität hat Ihre Reichweite.

Wer einen Schritt weitergehen möchte, bezieht zusätzlich bestimmte Folgehandlungen ein. Als Wert geeignet ist beispielsweise die Summe der Anfragen oder Bestellungen, die aus Ihren Maßnahmen hervorgeht. Oder Sie bewerten die Zunahme an Reichweite, die dadurch entsteht, dass andere gut finden, was Sie tun, und dies wiederum mit ihren Freunden teilen.

Was genau in diesem Zusammenhang ein erstrebenswertes Ziel ist, lässt sich schwer festlegen, da helfen nur vergleichende Beobachtungen. Wie viele Follower haben Ihre Wettbewerber? Wie viele Leute antworten bei einem vergleichbaren Unternehmen auf dessen Postings bei Google+, Xing, LinkedIn oder Facebook? Dafür gilt es, gute Benchmarks zu recherchieren. Beschäftigen Sie sich mit Unternehmen, die den Status haben, den Sie gerne erreichen möchten. Lernen Sie daraus und entwickeln Sie Ihr eigenes System an Kennzahlen, um realistische Ziele bestimmen zu können.

Nutzen Sie auch die kostenpflichtigen Angebote der Netzwerke, um Ihre Ziele zu erreichen (mehr hierzu finden Sie in den Kapiteln zu den einzelnen Netzwerken). Darunter sind viele gute Werbemaßnahmen, mit denen Sie Ihre Reichweite nachhaltig ausbauen können. Eine Kampagne bei Facebook beispielsweise ist gar nicht so teuer und Sie bekommen zusätzlich zahlreiche Statistiken an die Hand, mit denen Sie den Erfolg Ihrer Maßnahmen erfassen und bewerten können.

Tipp

ERFASSEN SIE IHRE ZIELGRUPPE MITTELS „ANGETÄUSCHTER" WERBEANZEIGEN

Sie wollen wissen, ob und wie stark Ihre Zielgruppe bei Facebook oder LinkedIn vertreten ist? Dann kann eine „angetäuschte" Werbeanzeige eine große Hilfe für Sie sein. Gehen Sie dazu einfach in den Werbeanzeigen-Manager und tun Sie so, als wollten Sie eine Anzeige erstellen. Nachdem Sie die für Sie wichtigen Daten gewonnen haben, können Sie diesen Prozess einfach abbrechen. Sie wissen nun genau, was Sie von dem jeweiligen Netzwerk erwarten können. Und wenn es sich lohnt, werden Sie gleich aktiv.

Erfolgsmessung und Social-Media-Monitoring

Wer sich Ziele gesetzt hat, kann seine Erfolge nur erkennen, indem er den Stand der Dinge anhand aussagekräftiger Kriterien überprüft. Gerade für Gründer empfehlen sich dazu sogenannte Meilenstein-Systeme; damit werden mehrere Zwischenziele definiert. Sobald ein Meilenstein erreicht ist, folgt darauf eine bestimmte Handlung: Im ersten Schritt würden Sie beispielsweise Anzeigen schalten, um Ihre Reichweite aufzubauen. Sobald Ihre eigene Vorgabe erfüllt ist, reduzieren Sie den Aufwand, den Sie dafür betreiben.

Neben den naheliegenden und einfach zu ermittelnden Faktoren gibt es diejenigen, die nur schwer zu erfassen sind. Dazu zählen zum Beispiel die Gespräche über das eigene Unternehmen. Zwar können Sie sie nach Menge und Inhalten auswerten, doch dazu müssen Sie überhaupt mitbekommen, dass sie stattfinden. Bei Facebook ist das relativ einfach: Die konkrete Zahl solcher Gespräche wird dem Betreiber einer Seite in den Statistiken mitgeteilt. Wie sieht es aber bei Twitter, Xing und den anderen Netzwerken aus? Hier empfiehlt es sich, auf spezielle Softwareprodukte, Cloudservices oder Dienstleister zu setzen, die genau solche Zahlen erheben.

Wenn Sie sich eine derartige eher technische Auswertung wünschen, sollten Sie sich Gedanken darüber machen, welche Ziele Sie mit Ihrem Monitoring – das ist der Fachbegriff für diese Art von Messung – verknüpfen wollen. Wollen Sie nur Ihre Reichweite messen? Oder wollen Sie wissen, wie oft andere über Sie reden? Oder wollen Sie Ihren Status überprüfen? Und: Möchten Sie die einzelnen Ergebnisse in Beziehung zu allgemeingültigen Vergleichswerten Ihrer Branche setzen?

Viele kleine Unternehmen nutzen für Auswertungen dieser Art unterschiedliche, zum größten Teil kostenlose Tools. Wir erläutern hier einige kurz, fordern Sie aber zugleich ausdrücklich auf, sich auch andere Dienste anzuschauen. Der Markt ist ständig in Bewegung und was Sie genau brauchen, hängt zum einen davon ab, was Sie anbieten, und zum anderen, welche Werte für Sie wichtig sind.

Google Alerts

Mit diesem kostenlosen Service von Google können Sie automatisierte Suchen nach bestimmten Begriffen speichern und werden immer dann per E-Mail benachrichtigt, wenn ein neues Ergebnis dazu eintrifft. Das ist praktisch, wenn Sie wissen möchten, was über Sie geschrieben wird, aber auch, wenn Sie über die Aktivitäten eines Mitbewerbers oder das Geschehen zu einem bestimmten Branchensuchwort auf dem Laufenden bleiben möchten. Die Autorin dieses Buches nutzt beispielsweise Google Alerts zu den Begriffen „Constanze Wolff", „Brandstifterin" und „Xing für Dummies".

Das Einrichten eines Google Alerts ist sehr einfach. Probieren Sie es am besten selbst aus (www.google.de/alerts) und experimentieren Sie ein wenig, welche Suchphrasen für Sie am sinnvollsten sind.

Social Mention

Dieser Dienst erklärt sich selbst mit einem Satz: „Like Google Alerts but for social media." Über eine klassische Suchfunktion werden mehr als 80 Social-Media-Kanäle auf einen Klick nach Ihrem Suchwort durchstöbert. Auch hier lassen sich Suchen speichern, sodass Sie über jeden passenden Eintrag, der neu eintrifft, per E-Mail informiert werden.

Bit.ly

Hierbei handelt es sich um einen Linkverkürzer, der beispielsweise verhindert, dass alleine die URL eines getwitterten Links mehr als die Hälfte der zur Verfügung stehenden 140 Zeichen für sich beansprucht. Ganz nebenbei können Sie damit aber auch feststellen, welcher Link wie oft angeklickt wurde. Diesen Service liefert das Tool angemeldeten Nutzern gratis und frei Haus mit.

Klout

Ein noch relativ junger Dienst ist Klout. Er bietet ein Ranking an, das auf der Analyse des Nutzerverhaltens in verschiedenen Netzwerken basiert. Außer Xing werden alle in diesem Buch besprochenen Netzwerke erfasst; darüber hinaus lassen sich weitere Netzwerke wie YouTube, Foursquare, Instagram oder Flickr integrieren. Der vollautomatische Dienst bewertet verschiedene Faktoren, zum Beispiel die Anzahl Ihrer Freunde, Ihren Einfluss auf diese und die Feedbackrate auf Ihre Beiträge, und generiert daraus einen Score zwischen eins und hundert. Dieser ermöglicht es Ihnen, im Sinne eines Benchmarks zu beurteilen, wo Sie im Verhältnis zu anderen Nutzern des Services stehen. (Roland Panter hatte zum Zeitpunkt der Erstellung dieses Buches einen Klout-Score von 57, Constanze Wolff einen von 59.)

Wildfire

Mit Wildfire können Sie bis zu drei Twitter- und Facebook-Accounts vergleichen. Dieser Dienst ermöglicht es Ihnen also, Benchmarking zu betreiben.

Weitere Anbieter

Bei der hier vorgestellten Auswahl handelt es sich nur um einen kleinen Ausschnitt aus der großen Menge verfügbarer Tools. Wenn Sie tiefer in die Materie einsteigen wollen, empfiehlt sich auch ein Blick auf die folgenden Dienste:

→ Brandwatch
→ Beevolve
→ Opinion Tracker
→ Talkwalker
→ BuzzRank
→ Engagor
→ Radian6

Welche rechtlichen Rahmenbedingungen sind zu beachten?

Sicherlich sind Ihnen die Bestimmungen für die Gestaltung des Impressums Ihrer Webseite bekannt. (Falls nicht, helfen die Ausführungen unter „Impressumspflicht" bei Wikipedia weiter.) Hier wird sichtbar, dass auch das Internet kein rechtsfreier Raum ist. Eine Zeit lang war es gang und gäbe, dass abmahnwillige Anwälte durchs Web streiften und Seitenbetreibern ohne gültiges Impressum mit saftigen Geldstrafen drohten. Daher gilt: Wer keine rechtlichen Risiken eingehen möchte, sollte auch bei seinen Social-Media-Aktivitäten die geltenden Rahmenbedingungen im Auge behalten. Wir sind keine Anwälte und ersetzen mit unseren Angaben keine Rechtsberatung, doch wir können Ihnen zumindest die wichtigsten rechtlichen Regeln und Grenzen für Ihr Social-Media-Engagement aufzeigen.

Werturteile versus Beleidigungen

Ihre Meinung über ein Konzert oder die Webseite eines Mitbewerbers ist durch das Recht auf Meinungsfreiheit geschützt. Sobald Sie jedoch einen anderen Menschen herabwürdigen, verleumden oder unwahre Tatsachen über ihn verbreiten, machen Sie sich der Beleidigung schuldig. Achten Sie also auf Ihren Ton und lassen Sie sich auch in der vermeintlichen Anonymität des Netzes nicht zu unüberlegten Äußerungen hinreißen.

Das Recht am eigenen Bild

Dieses Gesetz schützt die Persönlichkeitsrechte von Einzelpersonen und soll verhindern, dass Bilder veröffentlicht werden, ohne dass die abgebildete Person damit einverstanden ist. Davon ausgenommen sind „Personen der Zeitgeschichte" (Prominente) oder Menschen, die an einer öffentlichen Kundgebung teilnehmen. Für Sie heißt das: Wenn Sie Privatpersonen ablichten und dieses Bild bei Facebook und Co. hochladen wollen, fragen Sie vorher immer um Erlaubnis. Alternativ können Sie die Person unkenntlich machen.

Urheberrecht

Texte, Bilder, Musik und andere Werke sind durch das Urheberrecht geschützt und dürfen nicht ohne Einverständnis des Schöpfers genutzt werden. Also gehört ein Gedicht von Günter Grass nicht in Ihr Blog, ein Foto von Wim Wenders nicht auf Ihre Facebook-Pinnwand und ein Song von den Rolling Stones nicht als Hintergrundmusik in Ihr Firmenvideo. Hier müssen Sie entweder eigenes Material verwenden oder eine Nutzungsgebühr vereinbaren.

Unlauterer Wettbewerb

Auch im Internet gilt das Gesetz gegen unlauteren Wettbewerb. Unternehmerisches Verhalten, das gegen die guten Sitten verstößt, wird entsprechend geahndet.

Haftung für Dritte

Nehmen wir an, jemand nutzt das Kommentarfeld Ihres Blogs oder Ihre Facebook-Pinnwand für strafbare Handlungen. Sobald Sie von diesen Inhalten wissen und nichts dagegen unternehmen, können Sie dafür haftbar gemacht werden. Das bedeutet für Sie: Behalten Sie all Ihre Social-Media-Kanäle konsequent im Auge und löschen Sie kritische Inhalte sofort.

AUSBLICK:
ZEHN THESEN ZUR ZUKUNFT
VON SOCIAL MEDIA

Jedes Jahr steht sie auf unserem Weihnachtswunschzettel, doch leider haben wir sie noch nicht bekommen, die viel gerühmte Kristallkugel für den Blick in die Zukunft. Der Blick zurück deutet allerdings schon auf einige Entwicklungen hin, die uns in den nächsten Jahren erwarten.

Anfang der 2000er-Jahre, bevor Apple das iPhone auf den Markt brachte und Mark Zuckerberg mit Facebook startete, hätte niemand auch nur im Ansatz geahnt, wie umfassend sich die Kommunikationswelt in den kommenden zehn Jahren verändern würde. Methoden, die jahrzehntelang zum kleinen Einmaleins der Kommunikation gehörten, hatten auf einmal keine Gültigkeit mehr. Konzepte, die heute teilweise noch an den Universitäten gelehrt werden, verlieren mehr und mehr an Bedeutung.

Das alles, weil viele Bereiche des Informationstransfers durch die rasanten Entwicklungen bei Social Media und digitaler Kommunikation schneller, direkter und vor allem authentischer geworden sind. Die Verlierer dieses Prozesses scheinen bereits festzustehen: Im Jahr 2012 haben die Ausgaben für Online-Werbung erstmals die für herkömmliche Werbung übertroffen – überwiegend auf Kosten von Verlagen.

Verglichen mit der Entwicklung eines Menschen, befindet sich die digitale Kommunikation gerade in ihrer Pubertät. Wir haben erste Grundkenntnisse über die verschiedenen zur Verfügung stehenden Instrumente, müssen aber noch herausfinden, wie man sie optimal einsetzt und welche Regeln dabei gelten sollen – eine Herausforderung an Nutzer und Regulierer (in diesem Fall die Gesetzgeber) gleichermaßen. Wir nehmen diese Herausforderung an und stellen zehn Thesen zur Zukunft von Social Media auf:

1. Social Media werden zum wesentlichen Bestandteil professioneller Unternehmenskommunikation. Das betrifft nicht nur Marketing, Werbung und PR, sondern auch Vertrieb, Produktentwicklung und Support. Wer diesen kommunikativen Paradigmenwechsel nicht erkennt, verliert mittelfristig den Anschluss an den Markt.

2. In Zeiten des demografischen Wandels findet der Kampf um Fach- und Führungskräfte mehr und mehr im sozialen Netz statt. Arbeitgeber müssen den Wandel zur Arbeitgebermarke bewältigen.

3. Ständig entstehen neue Berufsbilder. In Zukunft werden auch die dazu passenden, standardisierten Ausbildungen angeboten.

4. Der Gesetzgeber zieht nach, das Internet wird stärker reguliert – von der weltweiten Anbieterkennzeichnung bis hin zum Umgang mit persönlichen Daten.

5. Das Zeitalter der Stechuhr ist vorbei. Die Grenzen zwischen privater und beruflicher Kommunikation verschwimmen mehr und mehr.

6. Via Smartphone sind wir immer und überall online, der klassische PC auf einem Tisch ist in Zukunft genauso eine Ausnahme wie eine statische, nicht überprüf- und kommentierbare Information.

7. Bilder werden zum Universalcode für die globale Kommunikation. Bildbasierte Netzwerke wie Pinterest werden von dieser Tatsache genauso beeinflusst wie die technologische Entwicklung im visuellen Bereich.

8. Augmented-Reality-Anwendungen (zur computergestützten Ergänzung der Realitätswahrnehmung) erweitern die Möglichkeiten der interaktiven mobilen Kommunikation.

9. Messaging-Systeme ersetzen E-Mails, Blogs ersetzen Newsletter.

10. Permanente Veränderungen und Neuentwicklungen fordern einen neugierigen und mündigen Nutzer, der bereit ist, sich dem enormen Entwicklungstempo zu stellen, und Fehler riskiert.

Für Ihr geschäftliches Agieren bedeutet das eine erhebliche Investition von Zeit und Energie. Die Generation derer, die mit Internet und mobiler Kommunikation aufgewachsen sind und diese ganz natürlich benutzen, wird immer wichtiger für Entscheidungen, die Ihr Geschäft betreffen. Sie können sich dieser Art der Kommunikation kaum noch entziehen – es sei denn, Sie setzen auf den Gegentrend, der genau diese stark in die Privatsphäre eindringende Technologie einfach ignoriert und bestmöglich meidet. Wir prophezeien: Diese Randgruppe wird nur für wenige Unternehmen eine wirtschaftlich bedeutende Rolle spielen. Aber egal, wie es kommt, und egal, wie Sie sich entscheiden: Bleiben Sie sich selbst treu und bleiben Sie neugierig!

STICHWORTVERZEICHNIS